# 多職新世代的聰明工作術

利用興趣開創副業，享受財富多元、自由多元的
## Plus+生活！

U0099858

土谷 愛／著

陳姵君／譯

# 序文——「低調複業經營術」推薦理由

致「雖有穩定工作，但對將來的收入感到不安」的你。

眾所皆知，全球正掀起空前的複業熱潮。

日本約從2018年起，由大型企業帶頭宣布解禁，許多公司亦跟進，允許員工「發展複業、下班兼職」。

正在閱讀本書的你，相信一定也見證了「時代潮流劇烈轉變的過程」吧。

若能透過複業賺錢，就能創造多重收入。

如此一來，目前的生活就會變得較為寬裕，能有更多預算為將來儲蓄理財或進行自我投資，也能有更多時間與家人或心愛之人共度歡樂時光。

而且，萬一因為某些突發狀況必須辭去原本的工作時，如果有複業這項「另一份收入」作為支柱，就不至於慌了手腳。

此外，累積有別於在公司工作的賺錢經驗，有助於提升自我能力，以及每天的內在動力，就結果而言，在本業方面也能交出亮眼成果、獲得加薪待遇……帶來令人欣喜的效果。

複業斜槓人生可謂好處多多。企業鼓勵員工發展複業已是如今的潮流，而這波熱潮亦持續增溫。

不過在這樣的時代背景下，也衍生出各種意見：

「有興趣做複業，但若大張旗鼓被公司的人知道，總覺得很討厭……。」

「查了很多經營複業的做法，不管哪一種似乎都不容易。自己可能做不來……。」

你現在是不是也因為這樣的情況而獨自傷神煩惱呢？

本書就是為了這樣的你所量身撰寫的指南。

從現在開始90分鐘後，在你讀完本書時，心態將會煥然一新，心想「哇，原本以為自己過於平凡、做不成任何事……沒想到這麼簡單就可以增加收入！真想快點試試！」令人心動雀躍的複業經營攻略，全都濃縮在這本書裡，為你指點迷津。

本書所主打的「低調複業經營術」，簡言之，就是**活用自身現已具備的「強項」，透過網路換取金錢報酬的複業方式。**

或許有讀者會認為「『現已具備的強項』，說穿了，還不是要有專業證照或高深技能才行吧？」。

敬請放心。

本書所主張的「強項」，並不專指專業證照或高深技能。

其實，比正在閱讀本書的你，更早一步實踐這種「低調複業經營術」的前輩們，多半是……

- 除了本業的事務工作外，想發揮自身能力賺錢、獲得成就感的派遣員工
- 想透過興趣賺錢的打工族
- 想利用下班後的空閒時間輕鬆增加收入的上班族
- 在工作、家務、育兒之間忙得團團轉，想讓家中經濟更寬裕一些的職場媽媽
- 因生產完後的職涯規劃考量，想趁產假、育嬰假期間培養在家賺錢技能的公司職員

這只是一小部分的實例。這些前輩們既不是在人人皆知的大企業上班，也不具備令人望塵莫及的專業知識或證照，就是所謂的「普通人」而已。

**雖是「普通人」，卻能低調經營複業並做出一番成果。**
聽到這句話，想必會令人感到有點驚訝吧。
然而，只要確實實踐本書所講解的方法，相信你一定能立即切身感受到「我也真的做到了耶！」。
實際上，實踐者們皆異口同聲地表示：

「不會吧！完全沒想過這樣的小事也能賺錢……」
「咦？原以為沒什麼特別技能的我，應該很難透過複業增加收入的說！」

過去複業給人的印象都是擁有專門技能的人的事

「低調經營複業」即使沒有特別的技能也能輕鬆起步

這些都是大家親身體驗過後的感想。

善用自身所擁有的日常經驗、知識和技能等「強項」，在熱中發展複業的同時，收入也不知不覺地增加……只要付諸行動，就能期待如此美好的未來。

讀到這裡，讀者們覺得如何呢？

是不是覺得「似乎很有趣」、「真想快點得知方法」呢？

並非大張旗鼓地獨立創業、發展事業，而是低調地經營，既能獲得他人感謝與成就感，還能增加收入……接下來，就帶領大家進入這個充滿魅力的低調複業世界。

〈最能發揮本書效果的使用方式〉

①【所有讀者】讀完第1章，理解低調經營複業的概念

②【不知自身強項的讀者】閱讀2、3、4章，從自我分析練習依序做起

【明白自身強項的讀者】閱讀3、4章，刊登商品

③【所有讀者／刊登商品後】閱讀第5章，進一步挑戰提升營業額

# 第 3 章 STEP 2 活用自身強項規劃商品

第 **1** 章

低調經營複業的

3 STEPS

# 你適合從事
# 「低調複業」嗎？
# 自我檢測表

　　在進入正文之前，想先請讀者們透過本單元進行簡單的測驗。請從下述內容中，勾選符合自身目前情況的項目。

- □ ① 盡可能不想讓公司的人或朋友得知自己在經營複業
- □ ② 排斥在網路上刊登個人照或本名
- □ ③ 目前不太有足夠的資金能立即進行自我投資
- □ ④ 至今為止在工作上不太有成就感
- □ ⑤ 希望能透過工作獲得他人的感謝
- □ ⑥ 想找出自身擅長或喜歡的事情，開心賺錢
- □ ⑦ 容易感到厭倦，做事往往很難堅持下去
- □ ⑧ 本業或家事育兒繁忙，沒有太多時間可以做複業
- □ ⑨ 認為複業＝必須學習某些新事物，感覺很辛苦
- □ ⑩ 相較於獨立發展、創業之類的大目標，想先從每月增加一些額外收入做起

　　大家總共勾選了幾個項目呢？

　　打開天窗說亮話，其實這10個項目，皆能透過本書所解說的「低調複業經營術」全數解決。

　　我能滿懷自信地向符合其中任一項目的讀者，推薦本書所講解的訣竅。若是你「符合的項目超過3個」，那這真可說是為你量身訂做的複業經營術。

　　接下來，簡單解說一下各項目的重點。

① 盡可能不想讓公司的人或朋友得知自己在經營複業

➡低調複業經營術是以網路為中心進行的，不像在住家或公司附近的店家打工，會有不小心遇到相識之人的風險。

② 排斥在網路上刊登個人照或本名

➡低調複業經營術基本上是利用網路進行的，不過也能以不刊登個人照或本名的方式經營。實際上，很多人是以暱稱或圖像作為個人標誌並做出一番成果的。

③ 目前不太有足夠的資金能立即進行自我投資

➡低調複業經營術是運用自身目前所具備的知識或技能，也就是將所謂的「現已擁有的強項」進行活用。換言之，能夠在零資金的情況下著手經營。因此不見得必須為了考取證照而繳交高額學費，或是為了販賣物品而籌措訂貨費用……等等。

④ 至今為止在工作上不太有成就感

➡低調複業經營術並非照本宣科、重複做著單調的作業，能享有自

行調整工作內容的樂趣。很多實踐者表示「商品、價格、銷售方式等全都由自己做決定，自由度高，很容易獲得成就感！」。

## ⑤ 希望能透過工作獲得他人的感謝

➡️低調複業經營術的特色在於，並非販售「某公司推出」的一般成品，而是將「自身能力」當成商品。顧客會直接向你說「謝謝」表達感激之意，所獲得的成就感與欣喜感也會倍增。

## ⑥ 想找出自身擅長或喜歡的事情，開心賺錢

➡️低調複業經營術是找出個人所「擅長」與「喜歡」的事物，制定價格加以販售的方法，因此非常適合有此考量的你。

## ⑦ 容易感到厭倦，做事往往很難堅持下去

➡️低調複業經營術為販售「現已具備的強項」，因此當你想要「開始行動」時，便能即刻實行。就算是容易感到厭倦的讀者也能輕鬆嘗試，覺得不想做時隨時都能收手，也是此方法的一大魅力。

## ⑧ 本業或家事育兒繁忙，沒有太多時間可以做複業

➡️像是打工這種綁定時數的複業，對忙於家事育兒者，或者是本業上突然有急事須處理、臨時得加班者來說，基於現實考量其實不太可行。低調複業經營術基本上只要有電腦或智慧型手機等可以上網的環境，便能利用工作或家事空檔進行。

⑨ 認為複業＝必須學習某些新事物，感覺很辛苦

➡有些複業像是程式設計、網頁設計、文案撰稿、產品銷售、聯盟
行銷等，的確需要學習新知識與相關技能。

不過，低調複業經營術能無負擔地「以目前所具備的知識或技能
來換取金錢報酬」，因此入行門檻是相當低的。

⑩ 相較於獨立發展、創業之類的大目標，想先從每月增加一
些額外收入做起

➡有些開展複業者從一開始便決定「一定要獨立創業！」、「要靠
自身的事業自立自強！」，不過，即使目標沒有這麼遠大，只是
希望「能增加每個月可以自由運用的款項就好」，也能隨即開始
進行，此亦為低調複業經營術的優勢之一。建議將來有意獨立發
展、創業的讀者「先從低調經營複業小規模起步➡逐步擴大規模
進而獨立創業」也不失為一種選擇。

　　看完解說覺得如何呢？相信大家應該感受到低調複業是一種
非常吸引人的新複業型態了吧。

　　總結來說，低調複業的好處可歸納為以下5點。

低調複業的好處一籮筐！

① 無須露臉或以真名示人，能輕鬆無負擔地著手經營

② 零成本，無須冒著賠錢風險便能開始進行

③ 能發揮「自我特色」並獲得他人感謝而備感喜悅

④ 除了本業以外還多了一項收入來源，萬一有任何狀況時
　　便能分散風險

⑤ 自然而然培養出各種商業技能，能連帶提升本業的工作
　　成果

　　這是能令人樂在其中，而且不斷建立起自信，宛如魔法般的複業經營術，因此衷心期盼能有更多讀者在讀完本書後願意親自嘗試一番。

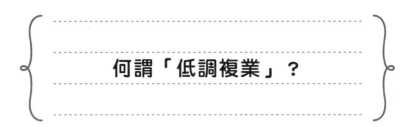

# 何謂「低調複業」？

話說回來，「低調複業」究竟所指為何呢？

一言以蔽之，就是**找出個人所「擅長」或「喜歡」的事物，為其制定價格當成商品販售的複業。**

像這樣將自身技能刊登於網路上販售，稱之為「**技能服務**」。近年來，有愈來愈多提供技能服務者表示這樣的複業「能讓人產生成就感」、「規避掉失業風險」，不僅對收入有幫助，亦提升了個人幸福感。

本書將活用各種網路工具及社群平台，詳實講解任何人都能實行的技能服務提供法。

## ▶「擅長」與「喜歡」的事情能換取金錢報酬

其實，相較於從前，如今的時代更容易將「自身的一些小興趣或技藝」轉換成收入。

隨著網路普及，亦可稱之為「技能服務全盛期」的時代於為到來。而自2020年開始延燒的新冠病毒疫情，尤其起了推波助瀾的作用，線上進行技能買賣已成常態，而且風氣愈來愈盛。

**要不要試著在技能服務接案平台上刊登商品呢？**

　　網路上專為技能服務所推出的媒合平台百家爭鳴，就是最好的佐證。以日本為例，像是coconala、Lancers、CrowdWorks、street-academy、Timeticket等等⋯⋯。

　　各平台所主打的服務類型則留待第3章細說分明，在這裡只要先掌握重點「原來網路上有很多可以進行個人技能買賣的網站」就好。

　　這類技能服務接案平台，用其他方式來形容，就好比「技能跳蚤市場」那樣。也就是說，能讓「技能提供者」與「尋求技能者」（在網路上）齊聚一堂，進行配對媒合。

　　實際上，我的客戶中有人是：

● 活用本業技能，提供代辦事務作業的服務，開始經營複業一週

便迅速賺進超過1萬日圓外快的事務員

- 未曾考過書法檢定，但常被周遭誇獎「字很美」，而開始販售代寫書信服務，並做出好口碑的主婦

- 活用「嘴甜很會說話」的個性，推出針對私人創作作品給予反饋與感想的服務，而獲得好評的派遣員工

諸如此類，許多人將本業與複業經營得有聲有色，透過各種知識與技能賺取另一份收入。

只要掌握各家接案平台的特色加以活用，光靠這樣，能在月薪之外多賺5萬、10萬日圓，也不是夢。

## ▶ 新手請活用接案平台

若你是複業新手的話，如同前文所述，建議先好好活用各種接案平台。

透過此方式便無須在網路這片茫茫大海裡疲於奔命地尋找「有意購買者」，因為「有意購買者」已聚集在這些平台上。

比方說，你出於興趣而做了一些手工飾品，接下來一起想想該如何進行販售。

**A.** 在社群網站這片茫茫大海中找到「似乎會固定購買飾品的人」，接著逐一發送訊息「有興趣看看手工飾品嗎？」進行推銷。

**B.** 在電商網站等「有意購買者」集結的平台上，發布「想找手工飾品的人看過來！」訊息。

哪個方式才能順利賣出飾品呢？自不待言，當然是B吧。

像這樣，除非你已經擁有一大群潛在顧客，否則不妨先在已集結大量有意購買者的平台上，刊登商品試水溫。

## ▶ 這樣也能賺錢!? 意想不到的販售實例

儘管筆者不斷訴說「只要有網路，便能隨心所欲地提供商品，賺取報酬！」，但相信有些讀者依舊存疑，認為「那是擁有高深技能或專業證照者的特權吧？」。

擁有高深技能或專業證照者，的確會因為物以稀為貴而較為有利。

**然而，筆者再三強調，縱使是「沒有特別技能或專業證照的人」，也有辦法做到。**

只要透過日常生活中簡單的知識與技能，就能輕鬆增加收入。

接下來，將介紹幾則實際刊登在「coconala」這個技能服務接案平台（可免費瀏覽內容）販售的商品案例，供讀者們參考。

「代辦祕書、事務作業《1小時》，提供彈性多元化服務」

「我願聽你訴苦」

「幫忙安排約會計畫」

讀者們覺得如何呢？

這類型的商品多到數不清，而且也有不錯的銷售成績，相信應該能讓大家體認到，在這個世界上令人大感意外，心想「什麼，連這都能做生意!?」，而且大有賺頭的事例其實比比皆是。

## ▶ 你已具備的強項能換取金錢報酬

我想，應該有很多讀者在考慮「發展複業」時，會認為「應該學點新東西」，而開始在網路上收集各種資訊。

不過，請先暫停一下。

願意學習新事物的確是很值得嘉許的事，然而，要著手發展

新事物的門檻很高，這也是不爭的事實。

那麼，假如無須做任何準備，能夠立即以「目前所擁有的技能或拿手興趣」換取金錢報酬，讀者們覺得如何呢？而且還是人在家中坐，只要有一支智慧型手機便能在空檔時間做到⋯⋯。

在嘗試新挑戰遭受挫折前，先輕鬆試個水溫，販賣「目前已具備的強項」，不覺得其實是個值得一試的方法嗎？

▶ **經營複業樂在其中，也能連帶提升本業成果！**

「原來做喜歡的事賺錢時，時間會過得這麼快！」

「能以自己擅長、做起來得心應手的事幫助其他人，原來是這麼開心的一件事！」

像這樣能夠帶來許多正面的感想，也是低調複業經營術的特色。

另一項意外的效果則是，很多人透過以技能服務賺取報酬的經驗，明白「原來自己長於此道！」，本業的工作成果也隨之提升，進而升遷或轉職成功並獲得加薪的情況亦所在多有。

培養新技能當然是很好的一件事，不過能充分驗證與發揮「目前自身所具備的強項」，可說是技能服務的醍醐味。

「低調複業經營術」之賺錢心法

　　接下來將為大家講解，欲透過低調複業經營術賺錢，必須注意哪些事項。重點有3個。


●從難度較低的事情做起！
●踏出第一步首重效率！
●「刊登商品➡不斷改善」才是業績長紅的捷徑！


　　只要掌握這3個重點，就能大幅提升成功率。


▶ 從難度較低的事情做起！

　　首先，「從難度較低的事情做起」指的是不要給自己太大壓力。

　　有些人聽到「販售你的知識與技能」時，會感到神經緊繃，認為「應該得是自己非常熟悉或充滿自信的領域才行」。


　　然而，完全無須擔心此事。

　　後續讀者們在第4章「針對各大接案平台進行商品調查」時

就會明白，新手不見得一定得在初期，便將目標放在高價服務型商品上。

若是自身相當有自信的領域，當然可以嘗試推出高價商品，但如果還不夠有把握，首先請設定100日圓、500日圓、1000日圓之類的低單價商品，試試水溫再說。

這就好比「**幫朋友或兄弟姊妹解決疑難雜症，然後要求對方請你吃一頓午餐或喝一杯飲料那樣**」，先抱持著這樣的態度來看待即可。

也就是說，將所販售的服務內容設定在「幫你處理好這件事後，要請我喝一杯飲料喔！」的範圍內就好。

這樣聽起來感覺似乎有辦法做到吧。

只要有意願隨時都能實行，此乃低調複業經營術的魅力，因此別出於自身的主觀認定而兀自拉高門檻，反而應該不斷把標準調降才是。

## ▶ 踏出第一步首重效率！

接下來則是落實「踏出第一步首重效率」這一點。

與其看完本書後表示「嗯嗯，原來如此，那我下週末也來試試～」，接著啪噠一聲闔上書本，不如**就趁閱讀完畢的今天**，試

著隨意規劃一項商品並完成上架！像這樣迅速採取行動其實是相當重要的。

既然都特地花費寶貴的時間與金錢來閱讀本書了，那就應該在【讀完後立刻】規劃商品，進行販售。

「能多快付諸行動跨出第一步」，是大幅左右複業成果的關鍵因素。

這是因為人在「獲得知識的當下這一瞬間」，記憶會最為深刻且充滿動力的緣故。等到1小時後、1天後、1週後……隨著時光流逝，記憶與動力也會逐漸下降，這是必然會出現也無法避免的現象。

另一方面，若能即時體驗過一次，就能大幅提升知識的內化程度。

原以為「感覺很難」的事物，只要掌握訣竅，就會覺得「什麼呀，根本意外地簡單嘛！」，接著在第二次、第三次上架商品時，困難度就會驟降。甚至有很多人後悔「早知如此，當初應該盡快踏出第一步的！」。

因此，再次強調，請在讀完本書的當天內立刻嘗試！迅速行動是比什麼都重要的，與大家共勉之。

## ▶「刊登商品➡不斷改善」才是業績長紅的捷徑！

最後，必須建立「刊登商品➡不斷改善」才是業績長紅的捷徑這項觀念。

會這麼說是因為，有非常多的新手認為「想將商品規劃得盡善盡美，確實達到無懈可擊的狀態才要開始進行販售」。

實不相瞞，我本身也是完美主義者，總是習慣性地認為「既然要做就要做到最好，絕不能失敗」。

其實，相較於「使出渾身解數，推出一項嘔心瀝血的商品」，「即使商品內容略顯粗糙也即刻上架，先確認是否賣得出去，再不斷進行改善」就結果而言，反而能較早成交。

這是因為，評估「買或不買」商品的人是顧客，而不是自己的緣故。販賣這件事就等於直接詢問客戶「這件商品是否值得出這個價？」。

若結果為「賣不出去」的話，只要加以修正，化解「賣不出去的因素」即可。

「絞盡腦汁直到產生百分之百賣得出去的自信」其實等於一直處於不知正確答案的狀態，反而會拖延商品的銷售速度。因此切勿忘了這點，直覺認為「這樣還不賴」時便即刻上架，並根據結果不斷進行改善，提升水準即可。

## 具體而言，該如何著手呢？

前面已大略向讀者們解說了低調複業經營術的魅力，以及低調複業經營術的賺錢心法，接下來將進入下一個階段，針對具體做法進行說明。

低調複業經營術只要跟著下列3大步驟實行即可。

**STEP 1. 透過自我分析找出自身強項**

**STEP 2. 活用自身強項規劃商品**

**STEP 3. 製作商品網頁進行販售！**

從第2章起，會依序講解這3大步驟。首先在第2章（STEP 1）透過自我分析練習找出你的「商品點子」，接著在第3章（STEP 2）學習將你的強項加工成「熱銷商品」的具體方法，最後在第4章（STEP 3）學習為你的商品找到「固定銷路」的心法。

**讀者們只需在閱讀本書的同時，一一實踐每個步驟的內容就好**。完全沒有任何困難之處。

接下來的章節會大量介紹各種具體實踐的方法，各位讀者

們可以在內頁寫下相關內容，或將湧現的點子記錄在筆記本等工
具上，循序漸進地愉快學習吧！

第 **2** 章

## STEP 1

## 透過自我分析

## 找出自身強項

# 首要之務為自我分析！
# 這才是獲取收益的最短途徑

接下來，將針對「低調複業經營術」的內容進行詳細解說。本章的主題為，**請讀者透過自我分析，找出「究竟要賣何種商品」**。

## ▶ 與其出外尋覓貨源，不如先從家中找起！

頭號任務為進行自我分析，找出「個人強項」來發想商品。

為何第一個步驟是進行自我分析呢？這是因為販賣「目前已擁有之物」是最沒有心理負擔的方式，亦無須規劃準備期間，立刻就能著手。

比方說，想像一下自己打算在拍賣App上賣東西的情景。

花時間跑遍零售店，想找出「感覺能大賣且能便宜進貨的商品」來賣，的確也是一種做法。不過在這之前，先想想家裡是否有不要且賣得出去的東西」，並環顧周遭一番，有時會意外地發現許多能變賣的物品。

即使自身主觀地認為「這種閒置物品，真的能夠賣得出去

嗎？」，只要有人覺得「這我想要！」就能賣得嚇嚇叫。

這個道理亦適用於技能服務。

首先，比照在房間內挖寶的做法，透過自我分析，積極找出自己「能當成商品販賣的強項」。

## ▶ 任何人皆有強項

聽到「一起來進行自我分析，找出自身強項！」時，或許你會立刻想到「我這個人真的無比平凡，根本沒什麼強項可言……」。

然而，**就我而言，這世上並不存在「沒有強項的人」**。

因為，所謂的「強項」，追根究柢不過就是「自己的特色」罷了。

每個人所擁有的個性、經驗及價值觀皆不相同，所以，毫無特色、「與他人一模一樣的人」是根本不存在的。

**若問自身「強項」的定義究竟為何，那就是「有助於達成目的之特色」**。也就是說，當「目的」有所改變時，「用來應對該狀況的特色」自然也會有所變化。

舉一個淺白好懂的例子與大家分享。

假設你的目標是成為舞台劇演員，並預定參加試鏡活動。而你的特色為，身高170公分、長型臉、長相較為成熟。

第一場為愛情劇的試鏡活動，所徵選的角色為「高中生女主角」。所以主要想找童顏、能演出純真少女感的女演員。

**在這樣的選角條件下，「身高170公分」、「長相成熟」的特色，究竟能否成為加分優勢呢？**

我想，你應該也覺得有點勉強吧。


那麼，接下來的情況如何呢？

第二場為職場劇的試鏡活動，所徵選的角色是「目標成為國際超模而努力奮鬥的女性」，因此想找身材高挑、氣質高冷的女演員。

**這回「身高170公分」、「長相成熟」的特色，似乎能成為不折不扣的強項。**

換句話說，同樣是「身高170公分」、「長相成熟」的特色，會根據不同情況而成為強項或淪為弱點。


你本身並不具有「這些是強項」、「這些是弱點」這種非黑即白的要素，只是存在著無數的「特色」罷了。

簡言之，**所謂的「強項」，只不過是「有助於達成目的一項特色」而已。**

因此，思維不應放在「是否具備強項」這一點上，而是明白每個人的「特色」，會隨著不同的狀況而成為強項或弱點。

## ▶ 強項與弱點為一體兩面！

再進一步剖析，跟讀者們聊一下「強項其實隱藏在弱點背後」這個有點趣味的話題。

之前，我跟一位超愛喝咖啡、無咖啡不歡的朋友去咖啡館時，朋友居然罕見地點了可可亞飲料而不是咖啡。

我覺得不可思議，問他：「怎麼不喝咖啡呢？」朋友回答：「嗯——，我想暫時戒一下咖啡。」

我大感訝異，再問：「為什麼突然這麼想？」朋友則一臉哀怨地表示：「最近喝太多咖啡，晚上變得很淺眠、睡不好，覺得很困擾……。」

聽完當下，我只氣定神閒地回應：「原來是這樣啊。」但過了10秒後，突然驚覺某件事，而有所頓悟。

讀者們可知，為何朋友說的話會讓我有所頓悟呢？

就結論而言，「喝咖啡會導致淺眠」這句話，乍見之下是在陳述咖啡的弱點，但我也因此察覺到，這句話同時隱藏著咖啡的強大之處。

「咖啡會妨礙睡眠」這項事實，在「想好好睡一覺的夜晚」的確會變成弱點。

然而，如果是在「絕對不能睡著的會議」前喝的話，又是如何呢？

「咖啡會妨礙睡眠」這件事，反而會在瞬間轉變成令人依賴的「強項」。

簡言之，稱其為強項也好弱點也罷，追根究柢，只是因為咖啡「含有使人不易入睡的『咖啡因』成分」的這項特色而已。

不同之處僅在於，我們是在「晚上睡前」還是「白天會議前」喝罷了。咖啡本身並沒有任何的不同。

強項與弱點為一體兩面！

　　儘管是同一特色，也會因為用法而成為強項或淪為弱點，所以才說「強項與弱點為一體兩面」。

　　那麼，若將這項理論應用在自我分析上，會得到什麼結論呢？

　　**答案是，「自覺是弱點或短處的部分，只要換個觀點來看，也能成為強項」**。例如：

- 很愛哭的人代表擁有豐富的感受力
- 個性小心謹慎則具有高度的風險管理能力

　　接下來，在進行自我分析練習、寫下自身特色的過程中，若覺得「自己渾身都是弱點與短處」時，請換個方式思考：**這些特質用在某些地方也能成為強項**。

　　尤其是自認為有很多短處，或在各方面感到自卑的人，反而能透過這個方式找出許多強項。

## ▶ 稀有性能成為一大優勢

　　此外，在發掘自身強項時，請記住「著眼於稀有性」這個重要的觀念。

　　比方說，開採量甚少的黃金、魚子醬、鵝肝醬、松茸……為

何這些商品的共通點為價格高昂呢？這是因為流通於市面上的貨量並不多，但其美味與風味卻讓許多人趨之若鶩所造成的。

**當供給少於需求時，身價自然就會水漲船高。**

如果將這項原理代換成「人力」時，會產生何種結果呢？

假設你擁有「從事5年事務工作，具備基礎事務技能」這項特色。

倘若你有心將這項「特色」化為自身強項時，該怎麼做才好？

**答案很簡單。「轉換環境，以凸顯這項特色的稀有性」。**

從實際情況來看，待在滿是行政人員的辦公樓層，跟大家做著同樣的事務工作時，只有你特別受到褒獎、獲得他人感謝的情況，應該少之又少吧。這是因為，處於「事務技能集團」中，無法彰顯你的事務技能的緣故。

然而，如果選擇另闢出路，前往「不擅長事務作業的業務部樓層」時，會有怎樣的變化呢？

各種委託應該會立刻找上門來。「啊，○○，能請你製作這份資料嗎？我搞不定這東西，還請幫幫我！」、「○○，這個文件要怎麼做啊？平常沒在處理，根本一竅不通……」相信你應該會成為辦公室裡的搶手人物。

換言之，「**理解自身特色，並找到令該特色顯得稀有、彌足**

前往能凸顯自身稀有性的環境

珍貴的環境」，才可謂是「深諳徹底發揮強項之道的人」。

　　只要懂得思考「要往哪個方向走，才能提升自己的稀有價值？」，無論想朝何種目的發展，都比較容易順利找出成為個人「強項」的特色。

▶ **進行自我分析時，屏除主觀意識至關重要！**

　　進行自我分析練習時，最重要的是**毅然捨棄主觀認定**，像是「這種東西感覺無法成為強項，不特地寫出來也無所謂吧……」之類。

　　如此一來，即使是再微小的事，也能視為「自身特色」，並透過大量書寫達到視覺化效果。

　　為何必須捨棄主觀意識呢？**因為對自己而言稀鬆平常，在他人眼裡看來卻覺得「好厲害！」、「好羨慕！」，希望你教教他的事其實比比皆是。**

　　比方說，在聚餐時很會炒熱氣氛、喜愛閱讀且看遍各種商管書籍，抑或小時候養過狗，對調教狗狗很有一套等等。無論是多麼微小的事，對於「沒這方面天分」的人來說，都會覺得「想了解詳情」、「很有趣」且「希望有人幫自己做這些事」。

　　對自己而言「小菜一碟」、「稀鬆平常」的事，恰恰有可能幫上他人的忙，成為換取金錢報酬的材料。

　　所以才說，切勿以「沒人會需要這種東西，肯定賣不出去」為由，自行妄下論斷，首要之務是只管大量寫下自身特色，這是進行自我分析時的鐵則。

　　自我分析筆記並不是要寫給誰看的，因此請放下羞恥心與偏執想法，洋洋灑灑地列出自身特色。

## ▶ 順利進行自我分析的3大技巧

　　接下來，要請讀者們開始著手進行各種自我分析練習。不過在這之前，先傳授大家3個自我分析技巧。

> ① 細分化
> ② 定量化
> ③ 找出與他人之間的差異

### ① 細分化

　　若問細分化究竟所指為何，那就是，**不光只注意「碩大成果與實績」，而是針對各項細節進行分析。**

　　比方說，假設被問及「你最近努力做了什麼事？」時，你回答「在拍賣App上賣出10件物品」。

　　此時，若你打算「將這份實績直接當成商品來販售」的

話，就只能推出「賣出10件閒置物品的我，教您如何使用拍賣App賺錢」這樣的商品。

不如試著將這份實績細分化看看。

具體而言，「為何能做出這番成績呢？是憑藉著何種知識與技巧才達成的呢？」，請針對這部分深掘探究，仔細思考。

細究「在拍賣App上賣出10件物品」的原因，可得到以下結果：

- 了解拍賣App所提供的服務概要
- 了解拍賣App的註冊方式與刊登商品的方法
- 了解找出熱銷商品的方法

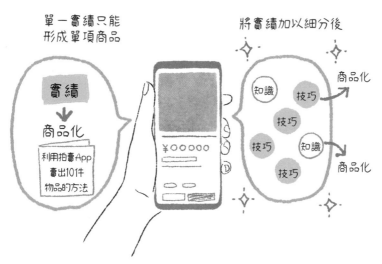

試著將實績背後的原因細分化

- 了解如何設計出帶動銷售的商品網頁
- 了解有助於商品銷售的上架時間點
- 了解有助於帶動商品銷售的價格設定
- 懂得拍攝、修圖技巧，讓商品照片充滿吸引力
- 了解如何寫出讓人感興趣的個人檔案內容
- 具備客服知識，懂得透過留言回覆獲取顧客信賴

在一項實績背後，或許存在著各式各樣的「熱賣因素」。

這些都是你值得驕傲的知識與技能，也有潛力成為你的個人強項。

比方說，你選擇運用「懂得拍攝、修圖技巧，讓商品照片充滿吸引力」這項實力，就可以如下述般，規劃出好幾項商品。

「教您拍出高質感產品照片，在拍賣App上殺出一條血路」

「代客修圖讓您輕鬆在IG上曬美照」

「教您拍出予人好印象的大頭照」

「傳授構圖技巧，讓您也能在食譜網站上貼出令人垂涎三尺的美食照片」

像這樣，針對「一項實績或成果」，細分出背後的要因，就有可能找出更多的強項。

② 定量化

定量化指的是「以數字呈現」的方法。先前跟讀者們提到「進行自我分析時，屏除主觀意識、保持客觀看待的態度至關重要」，而「數字」就是最具客觀性的工具之一。

就好比，「1」這個數字，任誰來看都只會是「1」這個阿拉伯數字而已。

數字不會被個人的感受與主觀左右，因此對於進行自我分析而言是相當管用的。

例如，相較於「我下了很多功夫學英文，所以英文很好！」的說法，「我在3個月內花了300小時學英文，TOEIC成績是800分」更能正確傳達你的英文能力。

相較於「我是派遣員工，薪水雖少卻也存了不少錢」的說法，「我是月薪實領15萬日圓的派遣員工，每個月固定撥出5萬日圓儲蓄」更能正確傳達你的理財能力。

相較於「我的興趣是做糕點，每週都會動手做點心」的說法，「我在這1年間做了100種點心」更能正確傳達出你的糕點手藝。

此外，「經驗豐富」、「挺不錯」、「還可以」、「不會太差」等形容屬於正面說法，而「只有這種程度」、「頂多如此」、「還差得遠」等則屬於負面說法，**進行自我分析時，若出現諸如此類的主觀描述就該當心**。這是因為，每個人對用詞遣字所抱持的印象並不一定相同的緣故。

以定量化方式思考，便能做出客觀判斷！

因此，必須避免這樣的情況，完全站在「屏除主觀意識的客觀立場」來捕捉自身特色，讓所有人都能接收到一致的訊息，如此一來，就能更容易看出「自己與他人的實力差距」。

假設你主觀認為「做糕點只是出於興趣，還不到可以教人的程度」，但透過數字分析就能客觀思考「不過我1年做了100種糕點，如果要教只會10種基本款的新手或許還算有把握」。

**能屏除主觀認定，客觀看待自己與對方**，這就是「定量化」的威力。

即便自認為「我本身沒任何強項，根本找不到可以向他人販售的知識或技能」，也請務必試著以「數字」呈現你的一切。

### ③ 找出與他人之間的差異

也請讀者們記住，「與他人之間的差異，更能幫助你規劃出活用自身優勢的商品」。

這是因為，人會願意對「自身所缺乏或做不到」的事物掏錢買單的緣故。例如：

- 我不知道透過複業開心賺錢的方法，所以買了這本「低調複業經營術」
- 我不會捏美味的壽司，所以要去那家壽司店打牙祭
- 我今天很累，沒力氣去採購，所以給精力充沛的妹妹零用錢，請她幫忙跑腿

這些例子相信大家應該不陌生吧。在此情況中，「被委託的一方」分別具備了「低調複業經營術這門知識」、「捏壽司的技藝」、「出門購物的體力與時間」等條件，與「進行委託的一方」之間存在著「差異」。

也就是說，只要能客觀找出「他人與自己之間有何不同？在哪方面有所差異？」，就有助於發現自身的強項。

請讀者們將這3項訣竅銘記在心，實際活用於接下來所進行的自我分析練習上。

總共有4項練習。不知如何回答時，卷末收錄了詳實豐富的回答範例，還請加以參考，盡量完整填寫。

**4項自我分析練習**

▶ ①個人檔案大剖析練習

首先登場的是「個人檔案大剖析」這項作業。

做法很簡單。只管填滿後面3張表格內的項目就好。這麼做的目的在於，讓自己盡全力地大量寫出「自身的特色」。

再三強調，在此過程中應該注意的是，下筆前屏除「這又不

是強項……」之類的主觀認定，不預設立場。

　　正確的進行順序為，在大量寫出「個人特色」後，逐一思考「該怎麼活用這項特色，才能使其成為自身強項？」、「什麼類型的人會欣然買單？」，透過這些分析便能逐漸發掘自己的優勢。

　　因此，秉持著「總之先填滿各個項目就好」的態度，不假思索地寫好寫滿才是最重要的。

## A. 個人基本檔案篇

| | |
|---|---|
| 年齡 | |
| 性別 | |
| 居住履歷①地區／年數 | |
| 居住履歷②地區／年數 | |
| 居住履歷③地區／年數 | |
| 原生家庭的家族成員 | |
| 有無交往對象 | |
| 未婚or已婚（已婚者請寫出結婚年數） | |
| 有無孩子 | |
| 是否養寵物 | |

※居住地區或婚姻狀況等項目寫不下時，請利用筆記本等方式追加行數完整填寫。

## B. 個人年表～學生時代 · 私生活篇～

|  | 國小 | 國中 | 高中 | 大專院校 | 研究所 | 出社會 |
|---|---|---|---|---|---|---|
| 年齡（xx-xx 歲） | | | | | | |
| 就讀學校 | | | | | | |
| 拿手科目／科系 · 主修 | | | | | | |
| 社團活動 | | | | | | |
| 職稱 · 職務 · 形象風格 | | | | | | |
| 才藝學習 | | | | | | |
| 興趣 | | | | | | |
| 兼職 · 複業 | | | | | | |
| 證照檢定 · 實績 | | | | | | |
| 此時期所習得的知識為？ | | | | | | |
| 此時期所習得的技能為？ | | | | | | |

## C. 個人年表～出社會篇～

| | 工作① | 工作② | 工作③ | 工作④ | 工作⑤ | 工作⑥ |
|---|---|---|---|---|---|---|
| 年齡（xx-xx歲） | | | | | | |
| 在職年數 | | | | | | |
| 產業類別 | | | | | | |
| 職務類別 | | | | | | |
| 職級or職等・職位 | | | | | | |
| 職務內容 | | | | | | |
| 經常使用的工具、軟體 | | | | | | |
| 公司規模 | | | | | | |
| 年薪 | | | | | | |
| 證照檢定・實績 | | | | | | |
| 此時期所習得的知識為？ | | | | | | |
| 此時期所習得的技能為？ | | | | | | |

※若曾數度轉職或轉調部門，也請將相關工作經驗全數寫下。
※成為全職主婦或無業期間等沒有工作的時期，也請一併記載。

寫完後覺得如何呢？

網羅從以前到現在的人生經歷，並以一覽表的形式呈現，你的個人特色也因此變得具體可視。

尤其是與家人、朋友、戀人等親近的對象共享這些內容時，能意外發現彼此各種不同之處，非常推薦讀者們一試。

## ▶ ②找出個人強項的8道題目練習

接下來的作業則是「找出個人強項的八道題目」。

此練習的目的在於，透過自由作答的Q＆A形式，從各種角度、多方面地發掘你的個人特色。

〈方法〉

① 首先，請試著回答下列8個問題。

② 請根據①的回答內容，寫下有所發揮，或從中習得的知識與技能。

| | 問題 | ①回答 | ②知識・技能 |
|---|---|---|---|
| 1 | 什麼是你人生中覺得「花了好多錢」的事？具體來說，大概花了多少錢？（基準：5萬日圓以上～） | | |
| 2 | 什麼是你人生中覺得「花了好多時間進行」的事？具體來說，大概持續幾個月？（基準：1個月以上～） | | |
| 3 | 至今為止，哪段時期、哪些事讓你覺得「付出了很多努力」？ | | |
| 4 | 經常莫名被人稱讚的事情是？ | | |
| 5 | 經常被同事或朋友拜託而幫忙做什麼事？ | | |
| 6 | 會讓你一不小心就一頭栽進去，全神貫注到忘了時間的事情是？ | | |
| 7 | 經常接觸的社群網站是？固定收集哪些資訊？ | | |
| 8 | 若你的書櫃中有3本以上同類型的書籍，該類型為？ | | |

寫完後覺得如何呢？我想應該比第一項作業更能看出「屬於自己的特色」吧。

## ▶③Before & After分析練習

接下來是「Before & After分析練習」。

這項作業的目的在於，比較自己過去與現在之間的差異，以過濾出自身所習得的知識或技能。

此練習主要針對「煩惱」進行提問。下一頁問答表列出了8大類別的煩惱，請以回覆以下4個問題的方式依序填寫。

**Q1** 以前是否也曾在這方面有過煩惱？若曾有過，是什麼樣的煩惱？

**Q2** 在這之後，Q1的煩惱是否獲得改善？若有改善請畫○、沒有請打✕。

**Q3** （僅針對Q2畫○的項目）為了改善煩惱做出什麼行動？

**Q4** （僅針對Q3有所回答的項目）在Q3階段習得哪些知識、技能？

| | 類別 | Q1：以前曾有過什麼煩惱 | Q2：該煩惱是否獲得改善？ | Q3：為進行改善做出什麼行動？ | Q4：因此習得何種知識、技能？ |
|---|---|---|---|---|---|
| 1 | 健康 | | | | |
| 2 | 身材容貌（對外貌感到自卑等） | | | | |
| 3 | 戀愛、結婚 | | | | |
| 4 | 朋友關係 | | | | |
| 5 | 工作上人際關係（上司、同事、下屬、客戶等） | | | | |
| 6 | 家人關係（夫妻、親子、親戚、姻親等） | | | | |
| 7 | 金錢（收入、債款、教育資金、養老金等） | | | | |
| 8 | 職涯規劃（就業、升遷、轉換職務、轉職、創業等） | | | | |

※若同一類別中有好幾項煩惱時，請利用筆記本等工具追加行數，盡可能全數寫下來。

寫完後覺得如何呢？這項作業尤其能幫助你發想商品內容，因此說不定你已漸漸湧現出具體想法。

順便提醒一下，進行這幾項作業時，會反覆出現相同的回答是很常見的。

或許會有讀者認為「應盡量避免重複的答案」，但**反覆出現相同的回答，正代表這是屬於你個人的一大特色。**

即便答案重複也無需在意，請原原本本地寫下來。

接著，即將進入最後一項練習。

## ▶ ④填寫個人知識、技能一覽表～自我分析總整理

再來就是自我分析的總整理作業。

最後，請讀者們將先前3項作業結果，井然有序地加以整合。

這項作業的目的在於，彙整個人的「知識、技能」，以列出能實際成為候選商品的方案。請一邊參閱先前的作業答案，一邊重新謄寫在下一頁的表格內。

| | 知識 | 技能 |
|---|---|---|
| 1 | | |
| 2 | | |
| 3 | | |
| 4 | | |
| 5 | | |
| 6 | | |
| 7 | | |
| 8 | | |
| 9 | | |
| 10 | | |
| 11 | | |
| 12 | | |
| 13 | | |
| 14 | | |
| 15 | | |
| 16 | | |
| 17 | | |
| 18 | | |
| 19 | | |
| 20 | | |

※左右填寫內容並無關連，請個別將知識和技能一項一項填上。

　　自我分析作業到此結束。辛苦大家了。

　　若對自己所回答的內容不太有把握，請參閱卷末的「回答範例」加以確認。

　　我想透過這些練習，讀者們應該發現了自身擁有各種意想不到的知識或技能，體驗到重新認識自己的樂趣吧。

　　接下來在第3章，將會根據本單元的自我分析結果，逐步規劃出實際商品。

# 對理所當然提出懷疑！
# 從「24小時的分配方式」
# 意外察覺自身強項的女性

在珠寶業界從事公關宣傳工作的T小姐，因考慮到將來，決定利用網路開展複業。調查過各種手法後，在休產假與育嬰假期間，出於「想活用至今所學的技能來規劃商品進行販售」的考量，而參加了我所舉辦的「低調複業經營術」研習會。

過程中會請參與者進行各項自我分析作業，並分組互相討論彼此的回答內容。

就在此時，從T小姐所屬的小組內傳出「哇賽!?」的驚訝聲。

我心想「究竟是怎麼一回事？」且感到納悶，湊近看了一下該小組的討論狀況，原來T小姐一整天的作息中，「閱覽社群網站的時間」超過5個鐘頭，密密麻麻地寫滿了整張表格。

而且是每天如此。

因此令所有人感到驚訝：「真的都花這麼多時間上網

喔!?」

　　沒想到，當事人T小姐反而對大家的反應感到詫異：
「咦？這很正常呀！大家不也是這樣嗎……？」

　　接著還補了一句：「我周遭的同事也都差不多是這樣
耶……」。

　　正因為她身處「理應逛遍社群網站與新聞媒體，以掌
握流行話題」的「公關世界」，因此從未注意到自身認知
裡的「理所當然」，對他人而言並非「家常便飯」。

　　T小姐流露出相當震驚的神情，令我印象深刻。

　　我接著問她：「每天花五小時看社群網站，是否從中
得到什麼想法，或者是獲得什麼知識、技能？」她回答：
「很多實際見面交談時令我覺得充滿魅力的人，在社群網
站上卻不太能展現出個人特色。」

　　於是，她想到活用自身強項，推出「專業公關為您修
改社群網站個人檔案內容」、「針對您在社群網站上予人
的印象給予意見感想」等相關商品。

　　由於她已是社群網站老手，才開始販售5天便賣出10
件以上的商品，聽說頗受顧客好評，陸續收到許多正面回
饋。

能做出這番成果，正是因為她察覺到「自己所認為的理所當然，對他人來說並非如此」的緣故。

　　這是個挺有意思的小故事，告訴我們，在自我分析過程中感到迷惘時，聆聽「他人的聲音」其實有助於察覺「自己意外的強項」。

第 **3** 章

## STEP 2

## 活用自身強項

## 規劃商品

第3章將為讀者們講解，如何將上一章自我分析練習所找出的知識與技能，實際規劃成商品。

藉由本章學習概念並著手進行各項作業，便能自然而然地掌握自身所欲販售的商品內容，希望大家能樂在其中地繼續進行下去。

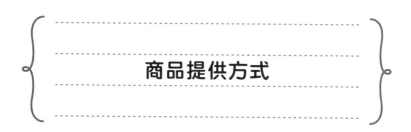

# 商品提供方式

## ▶ 掌握4大提供方式

以下為販賣知識、技能的4種具體方式，請從中選擇符合自身理想的做法。

①代客類（提供勞務）
②諮詢類（傾聽）
③教學類（指導）
④分享類（交付各種指南手冊）

### ① 代客類（提供勞務）

運用個人知識、技能，代替顧客完成某件事。例如以下所舉

的例子：

- 活用彙整資訊的技巧，代客閱讀商管書籍、羅列重點內容
- 活用網頁設計的知識，提供部落格客製化設計
- 活用裁縫技藝，代客縫製幼兒園專用手提袋

**主要優點：代客服務大多是幫忙處理麻煩或費時的事，市場需求高，較容易賣出**

**主要缺點：往往有交期等限制，必須確保一定程度的作業時間**

② 諮詢類（傾聽）

　　運用個人知識、技能，聆聽顧客所說的話，視情況給予相關建議。例如以下所舉的例子：

- 活用聆聽技巧，傾聽顧客的不滿或煩惱
- 活用面試官的經驗與知識，與顧客進行模擬面試練習
- 活用本業知識與技能，傾聽同業顧客的煩惱並提供建議

**主要優點：無須任何準備，能無負擔地立即推出商品**

**主要缺點：須與顧客敲定時間，在時間安排上得做到一定程度的彈性配合**

### ③ 教學類（指導）

運用個人知識、技能，透過研習會的形式直接教導顧客各種知識。這就好比將日常生活中所培養的知識、技能以簡報方式進行發表那樣。

**主要優點：能直接收到顧客的正面回饋，更能產生成就感**
**主要缺點：剛開始必須花時間有系統地整理各種知識、製作相關資料等**

### ④ 分享類（交付各種指南手冊）

運用個人知識、技能，以指南手冊的形式直接教導顧客各種知識。這就好比將本業、興趣、日常生活中所培養的知識、技能進行存檔，並與人共享那樣。

**主要優點：完成成品後幾乎無須再付出任何勞力，只管販售拼業績即可**
**主要缺點：剛開始必須花時間有系統地整理各種知識、製作相關資料等**

以上簡單說明了各種商品提供方式，請讀者們先建立起「原來商品是透過這種方式發想」的觀念。

## ▶ 各方式之簡易診斷！該從哪一項開始嘗試？

請從這4種商品提供方式中，選擇自己喜歡或覺得合適的類型，自由思考商品內容。

不過，或許有讀者會感到猶豫，「無法決定究竟哪一種方式比較好」，因此筆者製作了協助判斷的簡易確認表，也請大家一併參考。

## 【哪種方式適合我之簡易診斷】

請閱讀以下內容，並分別勾選「符合自身情況」的項目。

適合① 代客類（提供勞務）的人是……

- [ ] ① 能確保較多時間經營複業
- [ ] ② 屬於能夠為了趕上交期等目標而努力的類型
- [ ] ③ 精通某個領域，能自信地說出「交給我就對了」
- [ ] ④ 細心機靈、善於洞察先機，針對市場需求做出提案
- [ ] ⑤ 相較於與其他人分工合作，更傾向依自己的步調行事

適合② 諮詢類（傾聽）的人是……

☐ ⑥ 較有辦法確保時間，能彈性配合顧客需求

☐ ⑦ 喜歡或擅長聽人說話

☐ ⑧ 公認且自認同理心高於一般人

☐ ⑨ 喜歡或擅長思考解決問題的方法

☐ ⑩ 周遭之人經常找自己商量各種事

適合③ 教學類（指導）的人是……

☐ ⑪ 擅長在人前說話，或不以為苦

☐ ⑫ 不太抗拒露臉或以真名示人

☐ ⑬ 擅長深入淺出地為他人做說明

☐ ⑭ 喜歡讀書、學習知識

☐ ⑮ 在工作上或學生時代曾有教導別人的經驗

適合④ 分享類（交付各種指南手冊）的人是……

☐ ⑯ 擅長深入淺出地為他人做說明

☐ ⑰ 不覺得寫文章是苦差事

☐ ⑱ 喜歡讀書、學習知識

☐ ⑲ 不覺得彙整資訊、圖解等作業是苦差事

☐ ⑳ 生活作息比較難取得完整的作業時間

　　結果如何呢？感到迷惘時，建議從打勾數最多的方式開始嘗試。我想這應該有助於使自己更樂在其中地持續經營。

## 如何規劃商品？

▶ 商品規劃公式

　　理解商品提供方式後，接著將進入決定實際商品內容的階段。

　　要設計出發揮自身強項的商品，會用到下面這道公式。

個人知識・技能 × 提供方式 × 目標客群 ＝ 商品

## ▶ 改變提供方式，就會成為截然不同的商品！

比方說，假設你根據第2章的自我分析結果，得知「自己似乎挺擅長聽別人說話」。

於是，你想活用這個「聆聽技巧」來規劃商品，而商品內容也會隨著提供方式產生以下變化。

① 「聆聽技巧」×「代客類」＝代客進行訪談
② 「聆聽技巧」×「諮詢類」＝心理輔導、教練式領導
③ 「聆聽技巧」×「教學類」＝舉辦提升聆聽技巧的研習會
④ 「聆聽技巧」×「分享類」＝製作提升聆聽技巧的指南、影片，或將研習會等活動內容製作成指導手冊販賣

看完上述說明後覺得如何呢？即使是同樣的知識、技能，也會根據所選擇的提供方式，成為截然不同的商品。

## ▶ 這項商品，會讓誰欣然買單？決定目標客群的重要性

套用商品規劃公式，得出幾項可行的商品方案後，接著該做的是決定「要將商品賣給誰？」。

　　比方說要推出「化妝水」這項商品，無論是成分、容器、包裝、宣傳口號，還是廣告所選擇的藝人，自然都會根據「女用」或「男用」的產品定位而有所不同。

　　就一般趨勢而言，在「女用」商品方面，主打精緻可愛、擺在房間也顯得有質感的包裝設計會賣得比較好；相對於此，「男性」商品則是主打簡約、強調機能感的包裝設計會賣得比較好。

　　再更進一步分析，同樣是女性，「10幾歲的學生」、「30幾歲的上班族」、「50幾歲的主婦」購物時的考量重點應該也不盡相同。一般而言，當鎖定的客層為10幾歲的少女時，設定親民實惠的價格會比在成分上下功夫更有助於銷售。相反的，若為30幾歲的客層，重視品質而非低價位的人應該會比較多。

　　當自己成為「銷售方」時，夢想往往會不斷膨脹，認為「既然都要活用自身的知識、技能來賺錢，那就應該規劃出『男女老少大小通吃』的商品」。

　　然而，各種客層對產品的要求會因其屬性而有些微的差異，與其將目標放在「做出令所有人感到滿意的商品」，不如先將範圍鎖定在「做出讓目標客群大為滿意的商品」，就結果而言反而有助於銷售。

　　換言之，決定好「要賣給誰」，商品內容就會自然而然地具體成形，相對地也能夠帶動銷售，還請讀者們記住這一點。

## ▶ 決定目標客群的訣竅在於兩段式思考

前文向讀者們闡述了決定目標客群的重要性，那麼實際上該如何取捨呢？接下來將針對這個部分進行解說。

不過，其實只須考量兩件事。

① 首先大略思考什麼類型的人會因為你的商品而受惠、獲得幫助？

② 針對①的回答，再更一步思考該類型消費者的具體年齡、性別、職業、煩惱。

決定目標客群的訣竅在於，如上述般，分成兩個階段依序分析思考，而不是不著邊際地抱頭苦思。

## ▶ 盡可能鎖定相關購買情境！

在第一階段決定目標客群後，接下來就要在第二階段具體設定「目標客群會在何種情境下使用你的商品？」。

就以先前所舉的「聆聽技巧」（「聆聽技巧」×「教學類」＝舉辦提升聆聽技巧研習會）為例，加以分析思考。

首先，只是單純地思考「哪種類型的人會喜歡這項商品？」。

比方說，你所想到的答案是「因不善於聆聽而感到困擾，想提升此項技巧的人」。這是第1階段。

接著再進一步分析，思考「**具體而言，是什麼樣的人？**」。這是第2階段。

覺得「遲遲想不出答案」的讀者，請先思考下列4個項目。

● 年齡
● 性別
● 職業
● 感到煩惱的原因

透過這個方式，應該更容易進行具體發想吧。

假設分析後的結果如下：

● 年齡：35歲
● 性別：男性
● 職業：上班族
● 感到煩惱的原因：本身不太擅長傾聽，但下班回到家後太太似乎很想找他說話，雖然有心聆聽，卻總因為疲倦而整個人放空，或是聽到一半就插嘴給建議，惹得太太不高興覺得煩心。

這樣的情景應該不難想像吧。

若要將「聆聽技巧研習會」賣給這名消費者，那麼商品內容

應該就會是「討太太歡心的聆聽技巧研習會」。

不過，假如是……

- 年齡：46歲
- 性別：女性
- 職業：家庭主婦
- 感到煩惱的原因：想多陪青春期的孩子聊聊，可是最近孩子不太愛說話，無論詢問什麼，都只會得到「嗯」、「對啊」、「還好」之類的回應，不知如何才能增加彼此的對話。

若要將「聆聽技巧研習會」賣給這類型的消費者時，又該怎麼做呢？

想當然爾，第一個範例所主打的「討太太歡心的聆聽技巧研習會」，對這名主婦起不了作用。將商品設定為「引導孩子說出內心話的聆聽技巧研習會」，應該更容易引起該名主婦的注意。

讀者們是否建立起基本概念了呢？

兩者皆是針對「不擅長傾聽，想提升相關技巧者」推出的「教學型」商品，訴求的內容卻截然不同。

即使教導內容相同，但只要像這樣明確鎖定目標客群，就能讓消費者認為「這是為了我所設計的商品！我想買！」，而大幅提高成功售出的機率。

接著，將進行實際規劃商品的練習，為本章所學做總整理。

討太太歡心的聆聽技巧研習會

引導孩子說出內心話的
聆聽技巧研習會

明確設定讓讀者願意購買商品的情境

# 商品規劃練習

請透過這項作業，實際決定商品內容。

做法流程如下。

① 寫下自身的知識、技能（參閱第2章的練習④）

② 從4項提供方式中選擇自己喜歡的類型

③ 列出①+②能形成何種商品

④ 大略寫下什麼人會喜歡③所列出的商品

⑤ 明確寫下4項設定條件，將④的內容具體化

| ①知識、技能 | × | ②提供方式 | = | ③商品 | ④誰會喜歡？ | ⑤具體內容？<br>・年齡<br>・性別<br>・職業<br>・感到煩惱的原因 |
|---|---|---|---|---|---|---|
| | × | | = | | | |
| | × | | = | | | |
| | × | | = | | | |

| | × | | = | | | |
|---|---|---|---|---|---|---|
| | × | | = | | | |
| | × | | = | | | |
| | × | | = | | | |
| | × | | = | | | |
| | × | | = | | | |
| | × | | = | | | |

寫完後覺得如何呢？

是不是找到比預期更多有潛力成為商品的選項，而大受鼓舞呢？

**進行這項作業時，相較於深思熟慮後再寫下來，反而建議一邊動手寫，一邊進行思考。** 也就是說，不是寫出「一則嘔心瀝血之作」，而是「無須想得太複雜，直覺列出各種想法，再從中去蕪存菁」。

「設定5分鐘的計時器，直到鈴聲響起前，總之就是不停歇地持續寫下去。」制定這樣的規則，刻意逼自己不斷思考也是推薦的做法之一。

透過此方式大量書寫下來，應該能從中找到讓自己覺得「想嘗試看看」的項目，而且肯定不只一個。

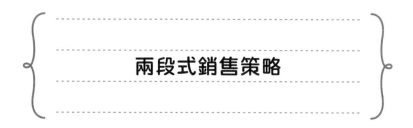

# 兩段式銷售策略

　　我想，現在讀者們的腦海中，一定浮現出許多商品選項，並接著想到「該如何擬定具體的銷售方式？」吧。

　　「低調複業經營術」所推薦的販賣方式，為以下兩種類型。

① 刊登在技能服務接案平台上

② 刊登在技能服務接案平台上 ✕ 透過社群網站宣傳

　　「刊登在技能服務接案平台上」為兩者共通的做法，不過②會同時透過個人開設的社群帳號宣傳自己推出的商品，能更加提升成交的機率與銷售速度。

　　話雖如此，首先還是將目標放在①，在技能服務接案平台上完成上架。

### ▶ 日本9大接案平台推薦

　　那麼，具體來說，究竟有哪些技能服務接案平台呢？似乎能

聽到讀者們內心所發出的這句獨白，因此，接下來將大量、廣義地為大家介紹具體相關服務。

## ① 綜合型技能服務接案平台

網羅代客、諮詢、教學、分享等，各種服務型態的全方位接案平台。

● coconala：https://coconala.com/

由coconala股份有限公司營運的平台，提供的服務項目從商務到個人生活趣味應有盡有，能隨時隨地在線上買賣個人技能，是日本數一數二的大規模技能服務市集。

在功能設計方面，廣泛反映用戶反饋的意見，搭配直覺好上手的操作介面，此乃該網站的特色，因而贏得許多好評，像是「容易接到案子，而且網站知名度高，再加上有電視廣告宣傳，只要刊登服務就能打通全國各地的銷售通路，相當具有吸引力」、「能在家事或工作閒暇之際，透過自己喜歡、擅長的事情來幫助別人，覺得很開心」。平台使用者年年增加，顧客回購率也很高，即使是技能服務新手，也能在較短的期間內獲得收益。

最近幾年，針對企業與個人業主所推出的影片製作、資料製作、社群經營、照片編輯等主打網路技能的服務，以及可輕鬆在線上請益的職涯規劃、時尚穿搭、美容等諮詢服務，據說市場需求日益強勁。

在網路世界裡，範圍橫跨各種領域的服務型商品琳瑯滿

目，為方便找出類似的服務項目，不妨透過與自身知識或技能相關的關鍵字搜尋一番，當成事前調查的一環。

● REQU by Ameba：https://requ.ameba.jp/

由CyberAgent股份有限公司營運，主打「為個人特性賦予價值」的技能服務接案平台。

可於該網站上架的服務項目為：①符合買家需求的客製化商品、②付費文章，這兩種商品型態。能刊登各式各樣的服務型商品，是此平台的一大魅力。

賣家下載App，就能從智慧型手機輕鬆管理自己販售的商品，能利用工作或家事空檔隨時進行操作，相當便利。

此外，加入REQU還能與CyberAgent公司旗下、日本國內最大規模之一的部落格平台「Ameba」進行帳號連結，也是其一大優勢。不但能在接案平台上架服務型商品，同時還能透過Ameba部落格進行宣傳，若能打開自己商品的知名度，即便是新手也能締造亮眼業績。尤其是撰寫付費文章，與部落格的屬性非常吻合，若讀者所提供的服務為寫作技能的話，十分建議搭配部落格貼文，雙管齊下地經營。

● SkillCrowd：https://www.skill-crowd.com/

由Human Connect股份有限公司營運，可以買賣個人擅長事項或時間的接案平台。

這屬於比較新型態的服務，因此相較於其他技能服務網

站，賣家所須支付的手續費為業界最低，上架時能以較低的金額來設定商品價格，乃此平台的特色。

而且註冊成為會員後，可享有1個月免費上架商品的優惠，賣家可利用這項「免費上架試用期」福利來觀察消費者反應，是一個能讓新手無負擔地踏出第一步的制度。若因為「對自己的技能或知識還不是那麼有信心」而感到煩惱的話，先利用這項福利，免費上架商品來看看市場反應，也是很推薦的做法。而且每筆消費金額可享1％點數回饋，買家亦可利用點數來購買想要的服務，藉此針對競爭賣家仔細調查做功課，或許能從中獲得有益於自身商品規劃的靈感。

更重要的是，這是新型態的服務，尚處於擴大會員的階段，趁著競爭者還不多時，愈快將商品上架愈能獲得注目，這也是此平台的一大優勢。

● Timeticket：https://www.timeticket.jp/

由Timeticket股份有限公司營運，讓個人可以隨興買賣自己時間的服務。

主打的概念為「販售時間」，因此對於想利用空檔時間賺外快，或者是較難抽出固定時間經營複業的人來說，屬於相對容易嘗試的平台。

即使沒有專業證照或實務經驗，也能自行為自己的「興趣」或「技能」制定價格進行販賣。不妨一一盤點自己從現在到過去的各種成果，積極地銷售被束之高閣進入休眠模式的技能。

賣家也可以自由選擇實際見面、視訊、電話、簡訊等交易方式，相當方便。除了能賺外快之外，另一項附帶好處是，還能結識平日生活中不會遇到的對象，拓展人際關係，讓生活變得更充實。

實際上，會員們也表示「能做自己喜歡的事並獲得報酬，真的很開心」，而吸引愈來愈多人加入行列，並確實感受到活用興趣與專長賺錢的喜悅。

### ②承包‧受託

尤其適合代客類服務的接案平台。

### ● CrowdWorks：https://www.crowdworks.jp/

由CrowdWorks股份有限公司營運，讓企業與個人能直接在線上發案與接案的新型態人才媒合平台。

此平台主要是向企業販售技能為主，服務類別多達200種以上。舉幾個例子來看，像是事務作業、文案撰稿、圖像與影片製作、設計、行銷等，其他還有橫跨各種領域的項目，提供會員多元接案的機會。

無論是日本國內的市佔率、交易金額，還是會員數皆獨占鰲頭，使用者們也表示「為了規避只有一份收入來源的風險而開始經營複業，能配合自己的時間來接案是此平台的一大優勢」、「一方面能活用興趣或本業的經驗，另一方面還能獲得新的挑戰機會」等，紛紛給予極高的評價。

　　此外，CrowdWorks公司不只為企業與人才提供媒合平台，另一項特色是同時經營「CrowdCollege」網站，讓使用者能在線上培養工作技能。各種提升技能的線上課程及同好交流社群皆相當豐富充實，有興趣的讀者不妨加以活用。

● Lancers：https://www.lancers.jp/

　　由Lancers股份有限公司營運，日本最初也是最大規模之一的群眾外包（Crowdsourcing）服務平台（群眾外包服務＝線上委託業務服務）。

　　「能為用戶找到合乎自身條件的案件」乃此平台的特色。

　　具體來說，在免費註冊會員時，輸入自身過去的經驗與各項技能建檔後，系統就會從大約210萬筆資料中找出推薦的案件，並透過電子郵件或「我的首頁」發出通知。此外，業主也可在閱覽接案者公開的個人檔案後直接進行委託。不只如此，用戶還能根據自己的喜好，在項目類別、行業、收取報酬的方式等方面設定條件、進行搜尋，找到符合自身標準的案件並進行應徵。

③ 舉辦研習會

　　適合提供教學類服務的平台。

● Sutoaka：https://www.street-academy.com/

　　這是由Street Academy股份有限公司營運，為教學者與學習者提供媒合機會的線上市集。

從招攬顧客到粉絲專頁，皆能透過這個平台一次搞定乃一大特色。註冊會員超過54萬人，學員眾多容易招生這點自不待言，還為賣家提供了豐富的獲利方案，以及售後相關服務與追加銷售策略。具體來說，除了一次性的主題講座外，還有完善的月費制服務（訂閱方案），能促使曾利用此平台並感到滿意的學員（顧客）成為回頭客。

實際購買課程的學員（顧客）所留下的意見或評論，會累積成為講師（賣家）的評價，因此，愈積極經營愈能建立身為講師的個人口碑，這也是此平台的一大魅力。

女性尤其對化妝或基因色彩檢測等，關於儀容打扮的課程感興趣；男性則是偏好商務技能或創業、複業等課程。而不分男女皆享有高人氣的，據說是攝影、藝術之類，關於嗜好、生活趣味方面的課程。

首先不妨從教授自身透過興趣或家事、工作所培養的技能，牛刀小試一下。

④ 販售指南手冊

適合提供分享類服務的平台。

● note：https://note.com/

由note股份有限公司營運的自媒體平台，讓任何人皆能透過文章、圖像、聲音、影片來展現喜歡的事物。

此平台以發布免費文章作為主軸，不過也能設定成付費閱

覽，因此可將個人技能或知識製成文字或影音商品進行販售。

美觀舒適又簡約的介面設計，能夠直覺性地操作、很好上手，所以吸引許多創意工作者加入，為此平台的一大特色。

除了能販售文字與影音商品，低調經營複業外，此平台亦用心維護網站氛圍並打造多元環境，讓每位使用者皆能愉快地持續在線上從事日記、興趣、學習記錄等創作。

● Brain：https://brain-market.com/

由Brain股份有限公司營運，能為自身知識訂價、自由進行買賣的知識分享平台。

此網站的最大特色在於「推廣功能」。不但賣家可將知識製成指導手冊來販售，買家若覺得所購入的商品「很讚」而想分享給其他朋友，或透過社群網站介紹時，系統還會提供該商品的專屬連結。當其他買家經由該連結購買商品時，推廣者就能獲得一筆回饋金，落實商品愈優質愈容易提升營業額的制度。

此外，用來輔助推廣功能的「評論功能」，能讓實際購買者留下意見、感想，只要下功夫打造優質商品以增加好評，或鼓勵買家留言評論，便能經由平台所提供的推廣連結帶動銷售量，即使是新手也可望拚出好業績。

自2020年問世後，短短1年便達成網站成交金額10億圓、會員數突破2萬人的佳績，可謂銳不可擋，是今後被看好能持續成長的平台之一。

以上簡單說明了日本9大接案平台的特色，供讀者們參考。請大家試著從中選出適合販售自己商品的平台。

| 平台名稱 | 網址 | ①代客類 | ②諮詢類 | ③教學類 | ④分享類 |
|---|---|---|---|---|---|
| coconala | https://coconala.com/ | ● | ● | ● | ● |
| REQU by Ameba | https://requ.ameba.jp/ | ● | ● | ● | ● |
| SkillCrowd | https://www.skill-crowd.com/ | ● | ● | ● | ● |
| Timeticket | https://www.timeticket.jp/ | ● | ● | ● | |
| CrowdWorks | https://crowdworks.jp/ | ● | | | |
| Lancers | https://www.lancers.jp/ | ● | | | |
| Sutoaka | https://www.street-academy.com/ | | | ● | |
| note | https://note.com/ | | | | ● |
| Brain | https://brain-market.com/ | | | | ● |

## ▶ 遵守相關規定，善用接案平台！

本單元為讀者們介紹了各大平台的特色，不過在此要提醒大家注意一件事。

那就是，確實遵守各平台的營運規則與使用條款。

疏於確認相關規則的人其實意外地多，若忽略了這個部分，即便已開始販售精心規劃的商品，而且賣得還不錯，也有可能在某一天突然遭到禁止上架或帳號凍結的處罰。

● 可以販售哪些類型的商品，禁止販售哪些類型的商品
● 可以刊登在商品網頁上的宣傳用語，禁止使用哪些用語

等等，請務必詳閱載明各種網站使用規則的「服務條款」內容後再進行使用。

## 致打算販售「知識」的讀者

　　我在P.62向讀者們說明了4種提供方式，分別是①代客類（提供勞務）、②諮詢類（傾聽）、③教學類（指導）、④分享類（交付各種指南手冊）。

　　其中，打算販售「知識」，選擇③教學類、④分享類作為商品提供方式的讀者，或許會感到疑惑：「該如何將自己腦袋裡的知識輸出，規劃成商品？」

　　有鑑於此，本單元將為大家解說，淺顯易懂地彙整「知識」的方法。

　　選擇①代客類、②諮詢類作為商品提供方式的讀者，可略過不讀。


### ▶ 將「知識」轉換成指南手冊的方法

　　製作教學服務所需的簡報資料，以及販售共享服務所需的指南手冊時，請透過以下5個步驟整理你所擁有的知識，使其具體化。

### ① 擬定商品所欲達成的目的

盼能透過這本指南手冊幫助顧客產生什麼樣的改變，並針對此點擬定目的。換言之，就好比為顧客設定「Before→After」狀態。

以本書為例：

**讀者的Before**：想嘗試複業，卻不敢踏出第一步。

**讀者的After**：學習立即就能展開行動的「低調複業經營術」後，隨時都能開展複業（此After就是本書所欲達成的目的）。

### ② 寫出主要流程作為重點項目

接著，試著依序寫出協助顧客達成目的的主要流程。

以本書為例，就是寫出在第1章中介紹過的「低調複業經營術」3步驟。

### STEP 1. 透過自我分析找出自身強項
### STEP 2. 活用自身強項規劃商品
### STEP 3. 製作商品網頁進行販售！

### ③ 細分、拆解主要流程，寫下次要項目

針對②所列出的「主要流程」，進一步擬定具體的To Do清單。

以本書為例，比方說，針對STEP 1.「透過自我分析找出自身強項」再加以細分，可以條列出以下內容。

**1. 理解自我分析的重要性**

**2. 掌握自我分析的訣竅與技巧**

**3. 實際進行自我分析練習**

④ **以適當的方式統整資訊**

詳細解說③所列出的次要項目（To Do清單），以適當的方式進行統整。像是透過文字、聲音、影片、圖像（圖解）等等，此時請以自己認為「最淺顯易懂」的手法來整合資料。

以本書的STEP 1.「透過自我分析找出自身強項」為例。

**1. 理解自我分析的重要性**

➡透過圖解說明為何自我分析相當重要等相關內容。

**2. 掌握自我分析的訣竅與技巧**

➡透過文字說明自我分析的訣竅有3點等相關內容。

**3. 實際進行自我分析練習**

➡透過表格說明接下來要進行的4項練習等相關內容。

像這樣，運用適當的手法逐步充實各項目的詳細內容。

⑤ **以適合提供給顧客的形式儲存檔案**

　　將④所彙整好的資料，以能夠提供給顧客的形式進行存檔。

　　比方說，將書面文件轉存為PDF檔、透過網路互動交流的圖像儲存為PNG檔、要上傳到YouTube等網站的影片則存為mp4檔……等為一般做法，至於詳細部分則請遵守自己所使用的平台規定。

## ▶ 令人覺得簡單易懂的資料製作3要點

　　資料製作完成後，請再確認以下3點。

- 內容是否有所遺漏？（有沒有漏掉重要資訊？）
- 遣詞用句是否淺白到連國中生都懂？（有沒有盡用些很難的專業術語？）
- 闡述「祕訣」時，是否一併解釋「為何該這麼做？」的根據。

　　確認過後，若上述3項要點都沒問題，即使是初次挑戰，也能製作出令人感到「簡單好懂」的資料。

　　剛開始，只是彙整一些簡單的知識或祕訣也OK！

　　將至今所讀過的書、他人所分享的資訊、從本業或興趣習得的事物，當成備忘錄般彙整一番，再順便分享（販售）出去，一開始只要抱持著這種輕鬆的心態來面對便已足夠。

# 「不夠完美」才能創造佳績！
# 缺乏自信的職場媽媽
# 第一份複業報酬全記錄

我這個人真的沒有任何強項……。

很多人在開始「低調經營複業」之前，與我進行面談時，都會一臉不安地如此表示。

不過，會如此表示者，往往具有「與已經做出一番成績的人比較」的傾向，因此認為「自己不像其他人那樣擁有輝煌的戰績或特殊技藝」。

舉例來說，像是「我喜歡做菜，但IG上有很多手藝了得的主婦，上傳的料理照片都很豪華」，或是「我的興趣是這項運動，不過比我厲害的前輩多的是」。

然而，我總是提議「先不要想得太難，不妨試著從一些小事著手做看看？」。

我的一位顧客M小姐，是住在外縣市的職場媽媽，她也同樣抱持著上述煩惱。

像是「我從以前就沒什麼才藝、興趣和嗜好」、「沒

什麼值得誇口的成就」、「我真的只是很平凡的鄉下主婦」，整個人總是顯得沒自信。

即便如此，她在進行自我分析時，似乎突然想到「這麼說來，有時周遭的人會稱讚我的字寫得很漂亮」。

而且她還回想起「在工作上與客人互動時，曾有好幾次被誇『謝謝妳真誠又細心地提供協助』」。

於是，她決定活用自身這個小強項，試著推出「代筆書寫粉絲信服務」。

正因為她的字並非書法高手般「有段數認證的完美字跡」，所以才想到或許能將這項特色應用在「溫暖表達支持心意的粉絲信」上。

沒想到，儘管完全沒有透過社群網站進行宣傳，目標顧客立刻主動找上門，從平台上購買了M小姐所上架的商品。

詢問該顧客購買的理由，除了商品內容符合其需求外，購買前所提出的各項疑問，皆得到M小姐的仔細回應，成為了決定下單的一大關鍵。

這則接案小故事證明了，M小姐看似不起眼的強項「雖不完美卻帶有溫度的文字」、「真誠應對客戶的態

度」也能闖出一片天，至今回想起來仍會讓我覺得心頭暖暖的。

　　而且，在這之後，她因為「想活用這項經驗，幫助像我這樣自認為沒有任何長處的人進行自我分析、規劃商品」而開始販售新服務。儘管身為職場媽媽總是忙得團團轉，卻能神采奕奕樂在其中地經營複業，與當初那位缺乏自信、總是頭低低的M小姐簡直判若兩人。

　　放下「自己什麼都沒有」的偏執想法，從「小小獲得他人稱讚的事情」、「真心喜歡、總忍不住動手做的事物，以及擅長的事情」催生出小商品，踏出第一步吧！

# STEP 3

# 製作商品網頁

# 進行販售！

來到本章，低調複業經營術也即將進入最後一個階段。

STEP 1.為自我分析、STEP 2.為規劃商品，STEP 3.則是進行「販賣」，將規劃完成的商品實際推出市面。

## 販賣前的準備工作

### ▶ 調查類似商品

「已經規劃好商品內容，立刻來上架！」想要打鐵趁熱推出商品倒也未嘗不可，不過本單元要為讀者們介紹幾個「更能帶動銷售的準備工作」重點。

**而這項工作不是別的，就是調查類似商品。**

市面上是否已存在著，與自己即將推出的服務同類型的商品？若有的話，賣得好嗎？事先進行調查，就能做出「市場需求大概是多少」的預測。

調查方法十分簡單。打開你所使用的接案平台，透過關鍵字或類別進行搜尋，就能查找類似商品。

〈調查重點〉

● 是否有類似商品？

● 商品內容（主打什麼樣的知識、技能？／提供方式？／目標客群？）

● 價格

● 已售出多少件數？

● 查看留言評價、感想意見等，分析該賣家為何能締造佳績、哪些部分獲得好評

　　客觀來說，調查件數超過10件時，就能逐漸掌握「賣得好的商品具有哪些特徵」。有些平台會以可視化的方式公布「銷售排行榜」，不妨從榜上有名的商品開始看起。

　　接著，請參考競爭商品中讓你覺得「很棒」的部分，不斷改良自己的商品。愈是認真調查，愈能提高商品成交的機率。

▶ **若找不到類似商品時該怎麼做？**

　　假如「找不到與自己預計推出的服務相似的商品」時，該如何進行準備工作呢？

　　我想遇此情況時，應該會先想到下述兩點而感到煩惱吧。

● **難以預測「是否賣得出去」**

● **準備推出商品時，由於沒有可以參考內容或價格的網頁，在製**

### 作商品頁面時容易感到迷惘

針對難以預測「是否賣得出去」這一點，筆者尤其建議以下兩項做法。

第一項做法為，**總之先上架看看再說。**

如此一來，自然就能儘早得知「是否有市場需求」的答案。

第二項做法為，**在接案平台以外的地方搜尋看看。**

在社群網站、Google、Amazon的暢銷書排行榜等處，透過相近的關鍵字進行搜尋，找找是否有推出類似服務的人或相關書籍也是一個方法。

若發現有推出類似服務的人或相關書籍時，也一併確認購買者的評語，便能藉此得知「哪些人會在這方面感到煩惱」、「其中又以何種煩惱居多」。

至於②，準備推出商品時，由於沒有可以參考內容或價格的網頁，因而在製作商品頁面時感到迷惘這一點，則**建議查找相近的「類別」，或以類似的「提供方式」上架的服務，並加以參考。**

比方說，找不到「居家清潔」×「諮詢服務」的類似商品時，就可改查類別相近的「居家佈置」×「諮詢服務」網頁。

若還是找不到類似商品，則改為搜尋提供方式相同，但主戰場在其他類別的商品，像是「職涯規劃」×「諮詢服務」等等。

即使無法找到類別或內容完全相符的類似服務，但「與自己的商品服務內容存在著共通點」，就廣義而言也可算是類似服務，因此不妨先參考這些商品看看。

# 準備上架

接下來，終於來到將個人商品推出市面的時刻。

請從P.76介紹的內容中，先選出一個自己感興趣的平台，立刻進行註冊！

接著，遵守各平台的規則與相關程序，完成上架作業。

或許有讀者認為「感覺很難」，但其實作業方式相當簡單，在30分鐘內便能完成上架。

在這裡，要向讀者們傳授在任何平台都派得上用場的「帶動買氣的商品頁面設計祕訣」。

## ▶ 商品網頁須包含5大要素

即便使出渾身解數規劃出滿意的商品，但假如無法讓逛網頁的買家感受到商品的魅力，亦無法賣出商品。

而且，何止是賣不出去而已，有時還會淹沒在眾多競爭商品裡，「甚至被直接滑過去」。

那麼，該怎麼做才能讓潛在買家感受到你的商品魅力，並願意挑腰包購買呢？總結來說，就是「①確實列出非買不可的要素、②避提不買也無所謂的要素」。

在各類商品中其實存在著很多滯銷品。原因不外乎缺了①，或做了②。

反過來說，確實掌握這兩項重點，就能大幅提升商品賣出的機率。

那麼，「非買不可的要素」究竟所指為何呢？可歸結成下列5個項目。

①目標客群：這是為了什麼人所推出的商品？
②效益：明示為顧客所規劃的「Before→After」藍圖
③憑據：此商品的詳細內容
④可信度：應該向你購買商品的理由
⑤推銷：確實列出促使顧客購買的宣傳用語

或許有讀者會認為「才5行而已？」、「不是應該要寫更多內容才行嗎？」。然而，在顧客判斷是否購買時，這5項簡短的資訊其實才是考量重點。

接下來將針對各項目進行詳細解說。

### ① 目標客群：這是為了什麼人所推出的商品？

明確指出這是「為了什麼人」所設計的商品，是非常重要的。讓顧客感受到「這個商品簡直就是為我設計的！」，就能獲得他們的關注。

比方說，你打算將「快速上菜技巧」商品化，那麼下列哪一項文案較能吸引顧客注意呢？

**A. 30分鐘就能完成的5道省時料理食譜**

**B. 忙碌的職場媽媽也能在回家後30分鐘內輕鬆搞定！平日5天份省時料理食譜**

明確鎖定目標客群的商品具有較高的訴求力

誠然，Ａ的寫法也能讓消費者者明白「這是什麼樣的商品」，但如果目標客群為「工作家庭兩頭燒的職業婦女」時，Ｂ的寫法應該更能引起共鳴，令消費者認為「這正是我需要的商品啊！」。

像這樣，只是明確指出這是「為了什麼人」所設計的商品，就能一舉提升消費者感興趣的程度。

## ②效益：明示為顧客所規劃的「Before→After」藍圖

明示為顧客所規劃的「Before→After」藍圖，其實就等於告訴顧客，購買你的商品後「能獲得哪些改變？」。**這個「顧客所能獲得的未來（利益）」就稱之為「效益」。**

效益是在販售商品時，絕對必須列出的項目。

這是因為，**任何人購買商品時，必定都會期待「購買後的未來」之故。**

比方說，我之所以老是忍不住買減肥產品，正是因為期待「買了這個產品就能變瘦！」的緣故；上髮廊護髮，也是因為「透過設計師的巧手，能讓令我感到束手無策的髮質變好」的期待心理使然。

因此，身為販售商品的一方，當然要盡可能地宣揚商品的魅力，告訴消費者「使用這項商品後，將能得到這樣的效果喔」。

要讓消費者更加對「所能獲得的未來效益」感到心動的訣竅在於，利用具體數字、照片或影像等方式，使其「明確清晰地想像所能得到的變化」。

譬如，以減肥產品為例：

● 在飯後服用這個保健食品，就能有效剷除脂肪
● 原本因為體脂肪率30％而感到煩惱的使用者，開始在飯後服用這個保健食品，1個月後體脂肪率降了5％！體態變纖細，能輕鬆穿下小一號的牛仔褲

相較於前者的說法，後者的敘述更能讓人具體想像「瘦身效果」吧。

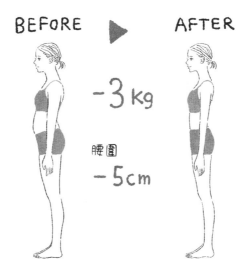

明確表明效益

更進一步，我們還可以：

● Before：瘦身前大腹便便的體型 → After：瘦身後小了一圈的腹部照片

　　像這樣，使用圖片來做說明，能讓人更清晰明確地想像「瘦身效果」，購買意願自然也會隨之飆升。

### ③憑據：此商品的詳細內容

　　要讓人願意購買你的商品，就必須說明②所指稱的「Before→After」效果，是根據哪些依據得出的。**這是因為，要讓人買下「不太了解詳情」的商品，成功率非常低的緣故。**

　　比方說，只貼出「Before→After」的成果，其實就跟一味鼓吹「總之你在1個月後能瘦3公斤！」沒兩樣。

　　這雖然讓人期待「真能瘦下來的話就太開心了」，但是「為何能瘦3公斤？究竟用什麼方法？真的也能讓我瘦下來嗎？」這個部分則完全不得而知，相信應該很難讓人決定購買吧。

　　透過真實案例，譬如「與大家分享我實際試過，一個月就瘦了5公斤的飲食菜單！只要照著食譜如法炮製，你也能在1個月內達成減下3公斤的目標」，看到這段敘述會讓人覺得「原來如此，這是主打瘦身菜單教學的商品。只要照著食譜做就能變瘦，好像很簡單！我想知道詳情！」而產生興趣。

### ④可信度：應該向你購買商品的理由

明確鎖定「這是為了何種目標客群所規劃的商品」、清楚指出「預期效果」（效益），說明商品內容後，接著請詳實描述「**為何應該向你購買**」的理由。

這是因為，必須讓目標客群願意在眾多同類商品中，選擇「你」這位賣家的緣故。

具體來說，應載明以下資訊。

● **商品開發故事**
● （因為●●的經驗，而催生出這項商品等）
● **個人信念**
　（想造福更多人、想減少某些情況發生、希望社會更美好、盼能透過這件事幫助其他人等）
● **個人所具備的知識、技能、實績**
　（在某方面的專業技術及素養、擅長哪些事情、在哪方面為人所稱讚，至今所交出的相關成果等）

舉例來說，你打算販賣「經常因為跟男友吵架而感到心煩嗎？讓我來為你分憂解勞」這項商品。

光靠這句話似乎搔不到癢處，但若加入以下內容，是不是更能完善表達出服務宗旨呢？

● **以前我也因為時常與伴侶有所爭吵而感到煩惱，不過調整相處**

方式後，就很少吵架了。（商品開發故事）

● 以前動不動就吵到讓我受不了的程度，每天都陷入自我否定的情緒裡，非常難受。也因為自身有過這樣的經驗，才想幫助更多人減少不必要的爭吵，幸福甜蜜地和樂相處。（信念）

● 我想盡辦法改善吵架的情況，讀過10本以上的戀愛心理、兩性關係書籍。進而了解如何打造融洽的人際關係。（知識）

● 在工作方面，我經常擔任面試官，也很擅長聽別人說話，便活用所學的知識為朋友的戀愛煩惱提供建議。（技能）

● 找我傾訴煩惱的朋友當中，有8成表示「與戀人之間的關係變好了！」而覺得感激，因而促使我展開這項諮詢服務。（實績）。

　　看完後覺得如何呢？

　　是不是覺得一舉提升了此項商品的可信度呢？

　　將焦點放在「該如何表達才能獲得顧客信賴，使其購買商品」這一點上，便能確實帶動買氣，就算今後出現競爭商品也不至於屈居下風。

⑤推銷：確實列出促使顧客購買的宣傳用語

　　最後一項重點則是「推銷＝促使顧客下單」。

　　這是因為，人除非面臨「立刻想解決這件事！」的迫切情況，否則只會覺得「之後再處理也沒關係」，而把事情往後延。

　　具體而言，推銷時應含括以下3項要素。

## A. 強調理想的未來

（購買這項商品能獲得什麼效果。再度表明②Before→After的After部分）

## B. 緊急性

（「現在」買了就能獲得這些好處，不買則會吃這些虧）

## C. 限定性

（只有這裡才買得到，錯過此刻就買不到，數量有限）

以前文的「減肥飲食指南」為例，可呈現出如下的內容：

入手這份飲食菜單，1個月後你一定能體驗到變苗條的身材（A.強調理想的未來）

從現在開始改善飲食，無須進行激烈減肥，今年夏天就能穿上喜歡的泳裝去海邊玩。可是，假如晚1個月才開始，就來不及趕上今年暑假的腳步囉！（B.緊急性）

為慶祝商品上市，特別提供前10名顧客，享有以500日圓購入減肥飲食菜單的優惠。額滿後則以原定價1000日圓販售，數量有限，要買要快喔！（C.限定性）

讀者們覺得如何？是否感受到，比起輕描淡寫的一般銷售方式，這樣的內容更能刺激消費者「現在非買不可！」的購買慾呢？

## ▶ 打造出更具吸引力的商品網頁3大祕訣

前面講解了商品網頁所須包含的5大要素，以下則要為大家介紹，打造出更具吸引力的商品網頁3大祕訣。

① **使用具體數字**
② **強調效益而非優點**
③ **加入「吸睛金句」**

接下來為大家進行詳細解說。

① **使用具體數字**

欲透過文章打動訴求對象時，請積極利用數字來表達。

這是因為，抽象的敘事方式會隨著對方的主觀判斷，而在解讀上產生歧異。相對於此，數字可說是相當客觀的呈現手法。

舉例來說，假設你深受失眠所苦。

很難入睡、好不容易睡著卻很淺眠、半夜會醒來好幾次。在這樣的情況下，「失眠過來人的我，與您分享一夜好眠密技！」與「與您分享1天睡滿8小時，睡眠不中斷的安穩熟睡密技！」，哪一項商品會讓你覺得似乎能有效解決失眠煩惱呢？

我們再來看看別的例子。

- 與其主張「我讀過很多心理學書籍」，不如改成「由讀過30本心理學書籍的我，來為您提供建議」。
- 與其主張「開始積極尋找結婚對象後，沒多久就完成終生大事了」，不如改成「開始積極尋找結婚對象後，才1個月就閃電結婚了」。
- 與其主張「我長年負責人事工作」，不如改成「我有10年的人事工作經驗，是面試專家」。

　　無論哪一項範例，都是使用數字進行說明的後者，更能具體表達宗旨，並提高可信度。像這樣，擬定文案時務必留意，透過數字來呈現「任何人看了都能夠信賴的依據」。

## ② 強調效益而非優點

　　優點指的是「長處」。簡言之，就是你的商品特色、加分的部分。

　　另一方面，效益指的是「好處」。換言之，就是<u>顧客能從你的商品獲得美好未來</u>。

　　販賣商品時，強調「效益」會比一味展現「優點」更為重要。比方說：

　　<u>這個鬧鐘內建自動重複響鈴的貪睡功能，能確實叫醒老是睡得迷迷糊糊、慣性按掉鬧鈴的你，讓你從此不會再因為睡過頭而</u>

驚呼「啊～～糟了，快遲到了！」，能不慌不忙地從容度過晨間時光。

　　以這篇文章為例加以分析，能得到以下結論：

- **優點：具備自動重複響鈴的貪睡功能**
- **利益：不會因為快遲到而慌忙，能從容度過晨間時光**

　　由此可知，相較於「這項商品具有哪些優點」，「使用這項商品後，自己究竟能獲得什麼好處」才是顧客最關心的部分。

　　撰寫商品網頁文案時，請務必在字裡行間強調商品所能帶來的效益。

## ③ 加入「吸睛金句」

　　最後一項技巧是「加入『吸睛金句』」。如同字面所示，就是「在文章內加入引人注目的詞句」之意。

　　**先從結論來說，販售商品時，比什麼都還重要的就是「讓訴求對象感興趣」。**

　　這是因為，人類是意外地對他人不感興趣的生物，而且往往覺得動腦推敲、採取行動很麻煩。

　　比方說，當你走在路上，經過一間完全沒聽過的店家，突然被推銷「用這罐化妝水能讓膚質變更好喔！要不要買一瓶？」，我想你應該不會產生太強烈的興趣吧。

然而，如果改成這樣的說法呢？

**你所嚮往的女明星●●也愛用這款產品！每天只需30秒，擦上這瓶化妝水，養出「光滑水煮蛋肌」，你也能和●●一樣！**

讀者們覺得如何呢？與上一段推銷文相比，應該能吸引到更多人吧？

明明是同一瓶化妝水，為何只是稍微改變敘事內容，就能打動訴求對象呢？原因就在於，**使用了「讓你感興趣的詞彙」。**

這就是所謂的「加入『吸睛金句』」。

具體來說該如何呈現呢？建議大家，不妨將下列元素加進標題或商品網頁開頭處。

● **引用各界知名人士等，具有高可信度的人物或組織名稱**
例）人氣藝人●●愛用／●●大學教授也掛保證！　等
● **鐵口直斷道出顧客的煩惱**
例）有●●煩惱的你請注意／你是否覺得「最近好●●」呢？
等
● **強調簡單、方便**
例）只須做●●就好／1天只要3分鐘　等
● **強調能在短時間內快速解決煩惱**
例）短短7天後／只須10分鐘　等

- **強調創新**

  例）日本首創／業界首創／新觀念／推翻既定認知的●●　等

- **強調效益**

  例）從此不再為●●而煩惱／●●的未來就在不遠處　等


　　讀者們覺得如何呢？附帶一提，將這些「吸睛金句」安插在整體文章內當然也有效果，不過<u>請盡可能使用在標題、縮圖、商品網頁最初幾行等開頭處</u>。

　　這是因為，人如果一開始覺得沒興趣的話，就不會再接著往下看的緣故。


① **先在開頭引起消費者的興趣**

　↓

② **讓消費者願意閱讀內容，理解這是何種商品**

　↓

③ **最後促使消費者決定購買**


　　請比照這樣的方式來製作商品網頁。


　　只要掌握以上3項重點，就能一舉蛻變成更容易帶動買氣的商品頁面，請讀者們務必一試。

## ▶ 吸引人的個人檔案寫法

要讓素昧平生，不知你的長相、姓名的對象，在網路上花錢購買你的商品，**確實表明「自己是什麼樣的人」至關重要。**

因此，接下來也要向大家解說，吸引人的個人檔案寫法。吸引人的個人檔案內容必須包含以下3項要素。

① 令人感到「可以信賴」的儀容
② 客觀的實績、知識、技術
③ 能傳達個人信念、為人的小故事

### ① 令人感到「可以信賴」的儀容

意外的是，這部分往往容易遭到忽略，不過，要讓他人信賴「自己」，最重要的大前提，是呈現出令觀者感受到「人味」的個人檔案內容。

#### ● 以人名來取帳號名稱

用真名或化名、綽號來取名都無所謂。

這裡必須極力避免的，是如「abcdefg111」這種羅列無意義英文字母或數字的命名方式，以及使用艱深的漢字或很難發音的英文單字等。

這是因為，這樣不會讓觀者感覺是「人名」，只會留下冰冷

## OK的個人檔案

賣家個人檔案

山田愛

| 賣績 | ○○○○○○○○○○ ○○ ○○○○○○○ ○○ |
|---|---|
| | ○○○○○ ○○○○○○○ ○○○○○ ○○○ |
| 知識 | ○○○ ○○○○○ ○○○○○○○○○ ○○○ ○ ○ ○ |
| | ○ ○○○ ○○○○ ○○ ○○○○ ○○○○○ ○ |
| 技能 | ○ ○○○○ ○○ ○○○○ ○○ ○ ○○ ○○○○○ ○○ |
| | ○○○○○ ○○○○ ○○○○○○ ○○○○ ○○ |
| 信念 | ○○○○○ ○○ ○○ ○ ○○ ○ ○○○○ ○○ |
| | ○○○ ○○○○ ○○○○○○ ○○○○ ○○ ○ |
| | ○ ○○○○ ○○○ ○○○○○ ○○○○○○ ○○ |

## NG的個人檔案

賣家個人檔案

abcdefg111

女性上班族，興趣為彈鋼琴。
請多多指教。

### 請透過個人檔案展現自己的「可信度」

無機的印象。

當然，不能斷言這樣的命名方式會讓商品「嚴重滯銷」，但為了令顧客認為「這個人似乎可以信賴」，多下點功夫準沒錯。

● **大頭照選擇「看得見樣貌的人物照」or「圖像」**

最常見的NG大頭照，是使用風景、食物、動物照片等「非人類」圖片。這樣的照片也很難令觀者產生「這個人似乎可以信賴」的聯想。

雖說露臉並非必須條件，但至少也應該選用看得到部分容貌或整體氛圍的人物照（免費圖片也OK）或圖像。

② **客觀的實績、知識、技術**

在個人檔案中，表明你「具備哪些本領」、「對哪方面知之甚詳」是非常重要的。

這點在P.97「商品網頁須包含5大要素」的「④可信度：應該向你購買商品的理由」也曾提到。不光是商品網頁，也請確實將這些資訊記載於個人檔案頁面。

再重新複習一下，個人檔案內容應含括下列事項。

● **在某方面的專業技術及素養**
● **擅長哪些事情**
● **在哪方面為人所稱讚**

## ● 至今所交出的相關成果

此外，如同筆者在P.105「打造出更具吸引力的商品網頁3大祕訣」之「① 使用具體數字」所講解的內容般，使用具體數字，或可以對外公開的專業證照、組織名稱等，便能更客觀地證明你所具備的知識或技能。

在這裡要請大家注意的是，編寫過程中不要因為主觀認定「自己沒什麼值得誇口的實績」而停下手來，請回顧第2章的自我分析練習，在寫得出的範圍內盡可能寫下「從客觀角度所見的自我特色」。

舉例來說，假設你想販賣教人做菜的商品，並具有「10年家庭主婦經驗，至今為家人做過6000份以上的餐點」這項實績。

或許你本身會認為「主婦經歷比我長的人到處都是，手藝比我更好的人也不勝枚舉，我又不是專業廚師，這種事哪能當成實績說嘴……」。

然而，真的是這樣嗎？

**重點其實在於「進行判斷的是顧客，而不是你」。**

若顧客的需求是「想成為料理達人」，倒也不難理解你會感到退縮的原因，但「不擅長做菜，想學切菜方法」的料理新手應該也不少。

抑或同為家庭主婦，但「每天的菜色都大同小異，想看看其

他家庭的料理來做參考」的情況應該也是有的。

請不要「從個人的觀點來看」，而是先想想，<u>對有所煩惱的目標客群而言，「表明這項實績能否多少增加自身的可信度？或者是適得其反呢？」</u>只要懂得站在客觀立場來評估，就不愁「沒有可以寫的題材」。

③ 能傳達個人信念、為人的小故事

能傳達個人信念、為人的小故事指的是，簡短敘述「<u>為何想做這個商品？</u>」的來龍去脈。

光個人檔案中有這段文章，便能一口氣提升自身的可信度。

要寫出打動人心的故事，須包含以下3項重點。

① 過去的煩惱或挫折
② 成為轉機的重大事件
③ 轉變後的光明未來

以自己作為故事主人公，或援引他人事例也OK。下面列舉出穿插小故事與未穿插小故事的寫法，供讀者們比較。

〈未穿插小故事〉
A. 我想將自身所學的減重知識，傳授給深受肥胖問題困擾的人們。因為我希望所有人都能擁有自信。

〈穿插小故事〉

B. 我從小就因為肥胖體型而煩惱，一直對自己沒有自信。學生時代總是在意他人目光，記憶中從未打從心底享受過校園生活。上大學後，第一次交到男朋友，卻偏執地認為「他怎麼可能會真的喜歡這樣的我」，無法坦然表達情感，最後就被甩了……。在這之後，我力圖振作、決心改變，想揮別這樣的自己！首先，為了讓自己對外型產生自信，我努力鑽研減肥法。結果居然成功減掉10公斤！努力有所回報讓我建立起信心，可能因為這樣，笑容也變多了，向我提出邀約的男性激增，新戀情甚至順利到令我驚訝的程度。有鑑於此，我真心希望能將連我這種人都有辦法做到的減肥方法，傳授給像以前的我那般缺乏自信的朋友們！

　　試問，A與B何者更能讓消費者覺得「想試試看」呢？

　　加入小故事或有關自身信念的敘述，就能讓觀者得知「你是什麼樣的人」，我想讀者們應該已經透過上述範例，確實感受到後者吸引人之處。

　　尤其，假如覺得自己在②這方面的實力有點弱的話，更應該在個人信念或小故事上下功夫，即使內容稍嫌誇大也無所謂。就算實績有點遜色，但消費者對故事產生共鳴、感動時，就會覺得「想買這個人的商品！」。

## 只鎖定平台作為主戰場就好，還是該搭配社群網站宣傳？

在這裡，先跟完成上架作業的讀者們說聲辛苦了！

休息過後，再來要跟大家談談上架後的事。

我在P.76也曾提到，銷售商品有以下兩種策略：

① 刊登在技能服務接案平台上
② 刊登在技能服務接案平台上 ✕ 透過社群網站宣傳

若本身為複業新手，首先從接案平台開始熟悉運作方式即可，但如果想要更進一步提升營業額、加快銷售速度的話，也很推薦選擇②的做法，同步在社群網站上進行宣傳。

若問我，為何建議搭配社群網站進行宣傳的原因，那是因為接案平台的好處是上面已經聚集了一群「想買的人」，能讓許多人看見商品資訊、維持一定的曝光率，然而，這也可說是接案平台的缺點，因為除了「想買的人」之外，同時也聚集了大量「想賣的人」，因此價格、商品內容、賣家個人檔案等，很容易被消費者拿來與競爭商家進行單純的比較。

「被消費者拿來與競爭商家比較、淹沒在茫茫商家中」，能用來解決這個缺點的方法，就是社群網站。

請利用社群網站，針對「可能會對你的商品感興趣的人」分享各種全面又詳實的資訊。這樣不但能提高目標客群的母數，也較容易培養出願意深入了解你的粉絲，自然就不會被消費者拿來與其他商家進行單純的比較，而能增加自身商品勝出的機率。

而且，社群網站能讓你盡情發表有關自身魅力或專業度等「個人資訊」，方便與追蹤者進行交流。因此，在買賣商品之前，有助於建立彼此的信賴關係，即使設定的單價稍微高一點，也容易賣得出去。

不光只靠「商品好」這一點而已，能培養出「因為是你的商品」所以才想買的粉絲，正是社群網站的好處。

下一個單元將針對使用技能服務接案平台，搭配社群網站宣傳的方法，進行詳細解說。

## ▶ 各大社群網站特色與選擇方法

我要透過社群網站來宣傳！這句話說來簡單，但如今的社群網站其實相當多元。

因此，首先掌握各大社群網站的特色，並選擇在你的目標客群中感覺最多人使用的平台，是相當重要的。

本篇將針對截至2021年5月，在日本國內被評為主流社群網站的Twitter、Instagram、Facebook、YouTube做介紹。

這些社群網站的具體特色如下。

| | Twitter | Instagram | Facebook | YouTube |
|---|---|---|---|---|
| 整體使用率 | 38.7% | 37.8% | 32.7% | 76.4% |
| 用戶年齡層 | 以10～30歲為中心 | 以10～30歲為中心 | 橫跨20～50歲 | 橫跨10～50歲 |
| 發表方式 | 以文字為主（最多140字） | 以圖片、影片為主 | 以文字、圖片為主 | 以影片、音樂為主 |
| 特色 | 即時性、易轉傳 | 易於透過圖像形塑個人世界觀 | 可上傳長篇文章、須傳送交友邀請 | 透過視覺與聲音，最容易展現出人品 |

| 觸及新用戶的基本方式 | 透過追蹤、按讚、發文加上主題標籤、轉推 | 透過追蹤、按讚、發文加上主題標籤 | 透過傳送交友邀請、分享按鈕 | 透過搜尋關鍵字、相關影片 |
|---|---|---|---|---|
| 適合的商品類型 | 幾乎含括所有類型 | 插圖、設計、主打視覺觀感的作品等 | 針對高齡世代、經營者所提供的服務 | 通話、研習會等互動or需要說話溝通的服務 |
| 易用性／忠誠度 | ★★★ | ★★☆ | ★★☆ | ★☆☆ |

出處：根據日本總務省情報通信政策研究所《令和元年度資訊通訊媒體之使用時間與資訊行動相關調查報告書》等資料製作而成。

　　根據你的目標客群是誰、商品內容為何，適合的社群網站也會有所不同，請參考上表，先從中選定一家平台建立帳號。每家皆為免費註冊，只要5分鐘就能完成。

　　我個人推薦的社群網站為Twitter，不但用戶人數多，能夠上傳的檔案類型也很豐富，囊括文字、圖片、影片、音訊等，無論想宣傳何種商品都很適合，屬於全方位社群網站。

　　此外，Twitter的轉傳率高，使用者可透過追蹤或「按讚」的方式來凸顯存在感，對新手而言是比較容易一舉提高追蹤人數的社群網站之一。

▶ **你是「什麼樣的賣家」？ 5大宣傳內容**

　　欲透過社群網站攻勢讓消費者願意購買商品，奠定風格、打

造一貫的形象，告訴大家「你是這樣的人」是無比重要的。

　　具體來說，<u>為自己設定頭銜，表明你是「什麼樣的賣家」，並以此為依據，持續發布消息。</u>


　　比方說，你想賣的商品是「代辦事務作業」，當你將頭銜設定為「線上事務員」時，就能吸引不擅此道且深感困擾者，以及想委託工作的人前來。


　　至於，應具體針對哪些項目發布訊息，請見以下內容。


● 知識、技能、經驗
● 實績、作品集（Portfolio）
● 信念（為何販賣這項商品？）
● 顧客感想
● 商品宣傳


　　反過來說，無關上述項目的資訊，就沒有必要積極分享。

　　很多人往往會犯下這樣的錯誤，以為「一定要上傳點什麼」，而發布「早安」或者是「今天的早餐（照片）」這種訊息，形成流於閒嗑牙的日常貼文。

　　這的確可算是與追蹤者交流互動的一環，但<u>從「讓追蹤者願意購買你的商品」的觀點來看，這無異於重要度相當低的資訊。</u>

　　如果是以休閒娛樂為目的所開設的帳號，當然可以自由發表

【 不具一貫性的人：不知究竟是何種賣家 】

【 具有一貫性的人：戀愛專家 】

打造一貫形象、持續耕耘，讓消費者得知你是何種賣家

各種文章，但若以「販售商品」為目的，請針對上一頁所列出的5項要素，積極地發布相關訊息。

## ▶ 利用社群網站招攬顧客的3種模式

在社群網站累積了一定程度的貼文數後，終於要進入「將目標客群帶往你的賣場」的階段。

招攬顧客的方式，可大致分為3點。

① 由自己主動宣傳
② 運用各種技巧提升貼文觸及率
③ 令其他用戶願意轉傳貼文

記住這3大要點，便能廣泛運用於任何社群網站。請看以下詳細解說。

### ① 由自己主動宣傳

首先，最關鍵的就是「由自己主動宣傳」。主動尋找目標並採取行動，便能讓消費大眾注意到你的存在。

尤其是剛起步的零知名度賣家，由於缺乏吸引其他用戶前來的契機，無論如何痴痴等待也不會有人光顧，所以在初期必須投注更多心力。

具體來說，可透過以下方式下功夫。

- 若為Twitter或Instagram，可按「讚」或追蹤
- 若為Facebook可傳送交友邀請
- 若為YouTube，則為影片留言

　　附帶一提，該如何找到能成為目標客群的用戶呢？

**A. 試著搜尋目標客群可能會寫進個人檔案或貼文內的關鍵字**

**B. 找到一名目標後，看看追蹤該目標的是何種類型的用戶**

**C. 推測目標客群可能關注的名人或網紅帳號，並瀏覽該帳號的追蹤者**

　　透過這些方式，便能找出與目標客群有所關聯的用戶。

　　比方說，假設你的目標顧客是「飽受問題肌膚困擾的20幾歲女性上班族」。

**A. 預測目標客群可能會貼出的關鍵字，在搜尋框內輸入字串，例如「肌膚　出問題」、「皮膚乾燥　很難受」、「保養品　不適合」等進行調查**

**B. 發現目標客群的女性上班族後，由於該名女性所追蹤／追蹤該名女性的用戶，彼此屬性相近的可能性相當高，便能再從中找出第2位、第3位目標顧客**

**C. 找出「飽受問題肌膚困擾的20幾歲女性上班族」可能會喜歡的美妝保養類網紅，或保養品公司的廣告帳戶等，並瀏**

覽該帳戶的追蹤者

透過這些方法積極做功課，相信應該能找到許多接近目標客群的對象。

由此找到目標顧客後，儘管按「讚」或追蹤來凸顯自身的存在，好讓用戶注意到你。

首先請花1～2週的時間進行這項作業。掌握訣竅後便能一口氣招攬大量的顧客。

② 運用各種技巧提升貼文觸及率

這是為貼文多下一道功，以「吸引更多用戶瀏覽」的方法。

不光只是靠自己刷存在感，若同時能達成「讓其他用戶自然而然來到自己的頁面」的狀態，便能更快速地招攬顧客。

具體做法為預測目標客群可能會搜尋的關鍵字或主題標籤等字串，並將這些內容加進自己的貼文。

那麼，哪種關鍵字才容易被搜尋到呢？

**A. 與目標客群現正面臨的煩惱有關的關鍵字**
**B. 目前流行、搭上潮流的關鍵字**

從這兩個方面找起，應該錯不了。

以先前所舉的「飽受問題肌膚困擾的20幾歲女性上班族」為例，可以這麼做：

**A. 試著在貼文加入目標受眾可能搜尋的關鍵字，如「保養品　敏感肌」、「肌膚出問題　好用藥膏」、「痘痘　遮瑕」等**

**B. 試著在貼文中加入透過電視廣告打響知名度的保養品名稱，或現正流行的保養法等關鍵字**

附帶一提，為了確實提升觸及率，還有「調查實際熱門搜索關鍵字」這種方法。

若為Twitter，可確認流行趨勢欄，YouTube的話則實際輸入關鍵字，假如搜尋到的影片觀看次數相當高，便能判斷這是「具有市場需求的關鍵字」。

此外，還有使用工具進行調查的方法，不過這是比較偏中高層級的手法。使用Google所提供的關鍵字規劃工具，就能調查在Google最常被搜尋的關鍵字。「搜尋量高＝有很多人想知道」，一定也能應用在社群網站上。

其他還有許多工具，像是Instagram可以搜尋熱門主題標籤等，有興趣的讀者請務必活用看看。

由此可知，只要為每則貼文花一點小功夫，就能透過關鍵字或主題標籤吸引其他用戶自動來報到。

③ 令其他用戶願意轉傳貼文

接著要介紹讓已經成為追蹤者的用戶覺得「這個人的貼文很讚」，而願意分享給其他朋友的方法。

這個方法在追蹤者逐漸變多的階段最有效，具體做法如下。

● 讓目標受眾願意主動利用社群網站的轉傳功能（若為Twitter是轉推，Facebook則是分享）
● 讓目標受眾願意直接轉發給認識的人，或在部落格等媒體留下好評價，達到口碑行銷效果

那麼，什麼才是「容易讓人願意透過轉傳或口碑來分享的貼文」呢？請看以下說明。

A. 有助於解決目標受眾煩惱的知識或貼文內容
B. 一語道破目標受眾的煩惱，並發出能夠同理的貼文
C. 能讓目標受眾噗哧一笑的幽默內容

舉例來說，若以「深受偏頭痛所苦的人」為目標客群時，可以這樣發表貼文：

A. 彙整醫師所傳授的「偏頭痛緩解法」，或自己試過覺得不錯的方法

**B.** 分享偏頭痛折騰人的各種症狀，給予安慰並表達自己明白這種不適感

**C.** 從不同視角抒發情緒，像是分享「偏頭痛教會我的事」等

　　這並沒有絕對的正確答案，簡單來說，只要將目標放在寫出「會讓觀者忍不住想與別人分享的內容」即可。

　　比方說，你深受偏頭痛所苦，看了某則相關貼文後覺得長知識了，或是感到心有戚戚焉、覺得超有共鳴的，甚至猶如醍醐灌頂、驚覺「原來還可以這麼想啊！」，相信一定會忍不住有所表示，想分享給其他人知曉吧。

　　平時在社群網站看到「互動率高的貼文」時便記錄下來，判斷這些貼文屬於A～C中的哪一類，若不符合這3項類別時，則試著用自己的方式分析為何該貼文能締造高互動率，這也是很推薦的方法之一。

　　讀者們看完後覺得如何呢？

　　在各大社群網站上實踐本篇所講解的運用法，透過相互作用來增加追蹤人數也不失為一個好方法。

　　對Twitter的追蹤者宣傳「我也有開設YouTube頻道」，請追蹤者們訂閱頻道。反之，也可以請YouTube的訂閱者來Twitter逛逛，等等。

　　最重要的是，即使時代變遷，開始出現新型態的社群網站，但這裡所講解的內容皆為經得起時間考驗的核心觀念，還請

讀者們務必記下來並加以實踐。

　　前幾頁為大家解說了各種社群網站的活用法，接下來則要進行最後的重點總整理。簡單來說，活用社群網站來販售商品時，重點在於：

**① 貼文內容的質與量**
**② 來客數**

　　請以這兩個項目為主軸，定期檢視自己的帳戶成果。

　　我經常被問到有關社群網站的問題，像是「應該多久發一次文才好？」、「每天都必須上傳嗎？」、「追蹤人數應該增加到多少比較好？」等等。重要的是，別只顧著追求「數字」。

**① 提供必要資訊，讓大眾願意購買你的商品【←貼文內容的質與量】**
**② 可能考慮購買你的商品者【←來客數】**

　　確實達成這些目標才是關鍵所在。

　　即便成功讓很多人造訪你的頁面，若發表的盡是一些無法展現你本身或商品魅力的內容時，根本無助於銷售，因此請記得針對①、②這兩點，定期進行自我確認。

# 用興趣換取報酬、
# 經驗又換來更多報酬的故事

　　我有一名客戶S，是住在外縣市的20幾歲男性。S先生原本在超商打工，但因為不適應職場環境而壓力纏身，甚至白髮驟增，身心備受煎熬。

　　即便如此，卻因為擔憂收入沒有著落而無法斷然辭職。他表示，當時深感煩惱：「就算真的辭職好了，但自己根本沒有任何強項，說不定找不到其他工作。」

　　然而，就在這個時候，他訂閱了我所發行的電子報，也因此接觸到「低調複業經營術」所傳授的訣竅。

　　我總是告訴讀者「就算只是隨性從事的休閒嗜好，也能換得金錢報酬」，這句話似乎讓當時過著打工生活的他受到很大的震撼。

　　這是因為，S先生有時會出自興趣而畫畫，不過他曾說：「我的畫功沒有特別好，作畫速度也很慢，完全畫不出滿意的作品，充其量只是有興趣而已，根本賺不了錢。」

後來，他抱持著希望，心想「或許能透過自己喜歡畫的插圖來賺錢」，並嘗試在接案平台上刊登「為您繪製專屬社群頭貼」這項商品。

當時他苦思「商品網頁究竟要設計成什麼風格才好」，但回想起本書所說的「總之就是先上架再說，接下來持續改善就好！」這句話，便有樣學樣地推出商品。

話雖如此，對自己的畫作毫無信心的他，據說內心早已有所覺悟：「這麼彆腳的插圖，應該不會有人願意捧場吧⋯⋯」

然而，就在幾天後，他的商品順利賣出去了。而且買家還說「很喜歡這種與眾不同的畫風」。

後來，他跟我聊到這件事時表示：「這個經驗讓我確切感受到，自以為『這種東西沒價值』的主觀判斷，真的只是自身的偏執想法而已。」

換言之，在他眼裡看來「畫功欠佳」的插圖，只要有人認為「與眾不同，很有魅力」，就能順利賣出。

因為這個經驗而獲得自信的他，更加積極地推出新商品，累積許多銷售實績，如今的委託件數將近50件，已是位不折不扣的斜槓插畫家。

不只如此，他還根據自身經驗彙整相關訣竅，為即將發展技能服務的插畫家們推出入門指南、進行販售。這本指南也賣得不錯，為許多人帶來希望。

　　現在S先生偶爾仍會與我聯絡，相較於在超商打工身心俱疲的那段時期，如今的他開心地經營著複業。

　　這個故事讓我再次感受到「原來發揮自身強項賺錢，能讓人如此充滿自信，神采飛揚」，讓我備感難忘。

第 **5** 章

商品上架後，

更加提升營業額

的方法

截至第4章為止，為讀者們講解了本書所欲傳授的「低調複業經營術」具體步驟。

一邊閱讀本書，一邊準備上架作業的讀者們，我想商品應該已經完成上架。辛苦大家了！

至於仍在準備階段的讀者們，相信讀到這裡，應該也已經確實掌握從「自我分析～商品化進行販賣」的一連串流程了吧。

接下來，要為大家解說更加提升營業額的方法。

商品雖然尚未上架，但想得知該如何才能促進銷售的讀者，以及想更加提升營業額的讀者，請務必反覆閱讀本章，一一實踐每個項目。

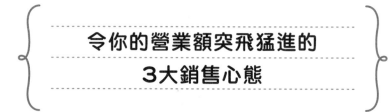

令你的營業額突飛猛進的
3大銷售心態

在這裡，想先針對「販售商品時的關鍵心態」向大家做一下說明。學會保持這樣的心態，相信營業額定能突飛猛進。

## ▶ 解決煩惱的心態

首先第一項是保持「**解決煩惱的心態**」。

單純思考「販賣」這件事，其實就是「為他人解決煩惱」的行為。煩惱有大有小，當有人因為某件事而坐困愁城時，向他提議「只要這麼做就能解決問題喔」，並收取報酬的行為即為販賣。

**換言之，不是兜售「自己想賣的東西」，而是賣出「對方想要的物品」。**

如果你還沒有死忠粉絲追隨的話，就應該調查、推測「對方想要的物品」，並做出貢獻。

此外，在顧客購買商品後，為求慎重起見，不妨針對「這是否真的是顧客想要的服務（是否符合其需求）」進行確認。

要將這項「解決煩惱的心態」習慣化，我推薦兩種方法。

① **在日常生活中每當遇到準備付錢的情況時，便試著思考「自己現在是為了解決什麼煩惱而付錢呢？」**

② **付出行動，每天至少獲得1次他人的感謝**

為何這兩項方法有助於培養解決煩惱的心態呢？①能讓人體會到「**賣東西這件事其實就是幫忙解決煩惱**」，②則能讓自己敏感察覺「**他人的煩惱**」。正因為你發現並實際採取行動解決他人的煩惱，對方才會向你說「**謝謝**」。

保持「解決煩惱的心態」來應對

　　只要養成這兩個習慣，就能自然而然培養出「有助於銷售的心態」，請當成玩遊戲般，輕鬆愉快地進行。相信每天的生活應該會變得更有趣。

## ▶ 腳踏實地的心態

　　第二項是保持「<u>腳踏實地的心態</u>」。

　　儘管是老生常談的一句話，但我認為販賣商品最重要的就是誠實的態度。這是因為，能真心誠意與顧客交流互動的賣家，會長久受到顧客愛戴，並能在回頭客口耳相傳的介紹下打開知名度，就結果而言，便能締造穩定且亮眼的營業額。

　　那麼，若問該如何才能令對方感受到真心誠意，那就是保持「腳踏實地的心態」。

　　腳踏實地，也就是不渲染誇大或裝門面，「坦率地竭盡目前自己所能」。具體而言如下。

● 做不到的事情不謊稱「做得到」
● 竭盡全力做好目前自身能力所及的事

　　只要記住這兩點，發生不必要的糾紛或重大客訴的機率就會微乎其微，能確實與顧客建立信賴關係。

事實上，我自己本身及我的顧客，皆秉持著本書所說的心態來提供服務，因此從未有任何人遇到棘手難擺平的糾紛。

不過，萬一遭受無妄之災而發生糾紛，請盡速回報平台營運公司，請他們適切應對。只要自己行得正便無所畏懼。

## ▶ 勇於嘗試的心態

最後就是保持「**勇於嘗試的心態**」。

說得更直白一點，即為「剛開始賣不出去是很正常的，再接再厲試試各種方法就好！」。在某種意義上，其實就是保持樂觀正向的態度。

世上任何商品在問世前，皆必須不斷經過「試作」這項測驗來奠定成果。以餅乾製造商為例，會針對原料、口味、包裝……等條件，製作各式各樣的試作品，反覆經過這道程序淬鍊後，才能創造出暢銷商品。

**換句話說，「要做出暢銷商品，歷經反覆測試是再自然不過的事」**。

任何人皆無法一次就完美打造暢銷商品。

因此，透過自我分析或各種調查等，事先做好最基本的準備後，接著就是「衝啊！先賣再說！」。除了結果究竟是否順利賣出之外，其他像是有多少人瀏覽過商品網頁等，掌握相關數字，

便能成為促使自己思考的契機，想想下次該怎麼做才能賣得更好。

這才是打造出終極暢銷商品的最短途徑。

## 充分應用「營業額公式」！

接下來，從本單元開始，將為讀者們傳授更具體且詳實豐富的「直接提升營業額手法」。

### ▶ 何謂營業額公式？

如果想「提高營業額」，那麼大前提就是理解「營業額是由哪些要素構成的？」。了解基本結構才是捷徑。

換言之，就是掌握**營業額公式**。欲透過本書所解說的「低調複業經營術」逐步提升營業額，就必須搭配下述「營業額公式」。

〈營業額公式〉

**營業額 ＝ 來客數 × 客單價 × 購買率**

來客數指的是願意購買商品的顧客人數，客單價為顧客每人平均消費額，購買率則是顧客回購的次數。

附帶一提，購買率的計算方法如下：

**購買率 ＝ 購買商品的次數 ÷ 顧客人數**

比方說，你推出定價1,000日圓的戀愛諮詢服務，而有10人購買時：

來客數：10人　　客單價：1,000日圓

營業額則為10人 × 1,000日圓＝10,000日圓。假設這10名顧客當中有2人回購、再度利用此服務，那麼購買率則是：

商品購買次數12次 ÷ 顧客人數10人＝1.2次

再將此數值代入營業額公式時，便能得出：

**營業額 ＝ 10人 × 1,000日圓 × 1.2次 ＝ 12,000日圓**

此外，推出多項商品時，只要像這樣透過公式，針對每項商品算出營業額，再進行加總便一目了然。

也就是說：

商品A的營業額 ＝ 來客數 × 客單價 × 購買率

商品B的營業額 ＝ 來客數 × 客單價 × 購買率

商品C的營業額 ＝ 來客數 × 客單價 × 購買率

複業收入總和 ＝ 商品A的營業額 ＋ 商品B的營業額 ＋商品C的營業額

▶ 提升營業額策略

接下來將針對「具體該怎麼做才能提升營業額」進行解說。再複習一下，營業額公式為：

**營業額 ＝ 來客數 × 客單價 × 購買率**

亦即來客數、客單價、購買率這3個要素相乘後，即為營業額。換言之，提升營業額的具體方法是：

① 增加來客數

② 提高客單價

③ 提升購買率

其實只要針對這3點下功夫就好。

看到這裡，讀者們是否感受到提升營業額的策略實在非常單純呢？

下一個單元將具體解說，如何逐步提升①～③各項要素。

## 增加來客數，衝高營業額！

$$營業額 = \underline{來客數} \times 客單價 \times 購買率$$

首先，針對「① 增加來客數」以提升營業額的方法進行解說。

就從簡單好著手的項目依序介紹吧！

### ▶ 以「分散攻勢」大量上架商品！

欲「增加來客數」，最單純的做法為「增加商品系列（商品數）」。商品數增加，有意願購買的目標顧客數也會隨之變多，如此一來，便能一舉接近提高來客數的目標。

話雖如此，我想一定會有讀者表示「我無法突然想出那麼多商品耶！」。

其實，有個宛如變魔法般，能立即「大量上架」的方法。

**在短時間內大量上架商品的祕訣就在於「分散攻勢」。**

究竟是要分散什麼呢？可大致分為以下3項。

① **分散銷售據點**
② **分散提供方式**
③ **分散目標客群**

接下來，分別針對各個項目進行詳細解說。

① **分散銷售據點**

第一項為**分散「銷售據點」，增加上架商品數。**

具體來說，就是將同一項商品拿到其他接案平台販售。

比方說，在coconala上架「戀愛諮詢」服務之後，再試著將相同內容的商品刊登在Timeticket，接著再擴展至SkillCrowd……以此類推。

無須從頭開始發想商品，幾乎不必費功夫，卻有可能帶動營業額提升，因此不試白不試。

不妨參考P.76介紹的各大平台，試著多管齊下刊登商品。若

同樣的商品在某平台賣得特別好的話，接著就可以在該平台推出新商品，重點式地拉抬業績也是不錯的方法。

## ② 分散提供方式

第二項為**分散「提供方式」，增加上架商品數。**

具體來說就是，試著以其他提供方式來販售相同內容的知識或技能。

大家可還記得P.62所說的4種「提供方式」嗎？

● **代客類（提供勞務）**
● **諮詢類（傾聽）**
● **教學類（指導）**
● **分享類（交付各種指南手冊）**

改變提供方式能讓具有相同煩惱，但「需求有所不同的人」接觸到你的商品。

比方說，以前我曾針對某領域推出「諮詢服務」，並確實感受到「顧客之間存在著微妙的需求差異」。

當時許多競爭對手皆推出「通話型諮詢」服務，而我則刻意以「線上聊天型諮詢」這項商品來試水溫。

商品上架後我便放牛吃草，沒想到約1週後竟然順利賣出。

　　詢問買家「為何您願意購買我的商品呢？」，得到了這樣的回答：「因為工作的關係抽不出完整的時間，所以想積極活用空檔時段進行交流，而且自己提出的諮詢內容和所獲得的建議，都能透過文字留下記錄，諮詢結束後也能不斷反覆參考，所以我才選擇線上聊天而非通話型服務。」

　　**由此可知，即便是你本身所具備的同一「知識、技能」，只是改變「提供方式」，便能提升滿足各種顧客需求的可能性。**

　　請讀者們務必思考一下此方法的可行性，評估是否能再以其他「提供方式」來增加商品數！

### ③ 分散目標客群

　　最後則是**分散「目標客群」來增加商品數。**

　　基本觀念與「**②分散提供方式**」是相同的，不過這裡是「針對不同的目標客群」來上架你所具備的知識、技能。

　　透過同一知識、技能的再利用，便能不費吹灰之力地推出商品、增加商品數，就是此方法的妙處。

　　比方說，你根據自己通過證照檢定考試的經驗，推出講授「高效率學習法」的研習會。此時，主要目標客群應該是「欲考取證照檢定的社會人士」。

　　如果沿用此知識，針對其他目標客群進行規劃，能變化出何種內容的商品呢？

- 若對象為「努力用功提升學業成績的國中生（與其父母）」，
  則是「定期考應試對策學習法」
- 若對象為「準備考大學的高中生或重考生」，則是「大考必勝
  學習法」
- 若對象為「準備考試的大學生」，則是「考試All Pass學習法」
- 若對象為「負責指導學生的教師或補習班講師」，則是「提升
  學生成績的學習法」

　　像這樣，目標客群不同時，商品內容也會隨之略有改變。這
個方法的好處在於，「無須刻意尋找新知識或技能，就能快速增
加上架商品」的便利性。

### ▶ 瞄準受眾，推出「好賣」的商品

　　欲提升來客數，鎖定「好賣的商品」來進行規劃也是一個方
法。

　　具體而言，就是針對「許多人都會遇到的煩惱」或「市場需
求大的各種困擾」推出解決方案。
　　這是因為，「很多人都有此煩惱」代表具有一定的市場潛
力，我想這點應該很好懂吧。

即使是同一主題，只要分散目標客群就能增加商品數

那麼，該怎麼做才能規劃出好賣的商品呢？接下來將按照以下3個步驟依序解說。

**步驟1：畫出分析煩惱的矩陣圖**

**步驟2：掌握8大煩惱類別**

**步驟3：尋找現正面臨重大緊急煩惱的目標顧客**

① **步驟1：畫出分析煩惱的矩陣圖**

先前向讀者們提到「販賣這項行為其實就是解決他人的煩惱」，或許有些讀者聽完後會意氣風發地認為「好，就讓我來助大家一臂之力！」，不過，漫無邊際地「尋找煩惱」是相當費力勞心的差事。

因此，請先試著如下圖般，將「人的煩惱」進行分類，達到

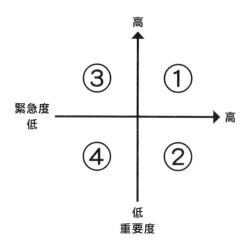

簡單易懂的可視化效果。

以橫軸為緊急度、縱軸為重要度的矩陣圖來思考人的煩惱。

①區為緊急度高、重要度亦高的煩惱

②區為緊急度高、重要度低的煩惱

③區為緊急度低、重要度高的煩惱

④區為緊急度低、重要度亦低的煩惱

可分成這4種類型。當然，會先處理哪一項因人而異，不過一般而言，商品的好賣程度依序為①→②→③→④。

因此，建議先針對第一順位的情況，思考能否運用自身的知識、技能，「販賣符合①需求的商品」。

假如無論如何都無法將自己的商品應用至①情況時，再退而求其次，從②→③進行思考。

在此先以淺白的方式舉例說明①～④的差異。像是「明年考慮與心愛的男友結婚，可是上個月卻被甩了。無論如何都想重修舊好！」的這種煩惱，屬於①。

「論及婚嫁的男朋友」是攸關人生大事的重要問題，而且已經考慮「明年結婚」，自然會產生「想立刻修復關係」的情緒，因此應可視為緊急度高。

再舉其他例子，「今晚難得朋友要來家裡玩，必須做一頓豐盛的晚餐才行」的這種煩惱，屬於「②緊急度高、重要度低」。

「今晚朋友要來家裡」的確是緊急度高的事情沒錯，然而，這件事在整個人生中並不是非常重要的部分吧。

另外，譬如「想為將來存一筆養老金，所以考慮趁現在30幾歲時，開始進行定期定額投資」，屬於「③緊急度低、重要度高」的煩惱。

因為是「將來的養老金」，緊急度自然比較低，不過在今後的人生中，「養老金」會逐漸成為重要問題。

最後則以「偶爾會因為興趣而打電玩，但一直沒辦法破關，是不是該請教一下高手？」來舉例，大家覺得如何呢？

我想這應該可列為「④緊急度低、重要度亦低的煩惱」吧。「偶爾才玩」可見緊急度低，「出自興趣」這點也可判斷重要度並不太高。

讀者們是否掌握概念了呢？

何謂緊急、何謂重要，當然因人而異。

然而，評估預測「對大多數人來說的緊急、重要度」，有助於規劃出「好賣的商品」，此乃不爭的事實。

如此只需鎖定有迫切需求的目標客群或情境，來販售個人知識、技能即可。

② 步驟2：掌握8大煩惱類別

方才藉由矩陣圖向讀者們說明了，在各種煩惱當中「①緊急度高、重要度亦高」者，愈容易讓人買單。

接下來則要解說「人究竟會為了什麼事而煩惱？」。若對此一無所知的話，根本無從判斷「緊急度」與「重要度」。

根據我販售過各式各樣服務的經驗，大部分人的煩惱幾乎都可歸類為以下8種類別。

1. 健康

2. 容貌、身材

3. 戀愛、結婚

4. 朋友關係

5. 工作上的人際關係

　（上司、同事、下屬、客戶）

6. 家人關係

　（夫妻、親子、親戚、姻親）

7. 金錢

　（收入、債款、教育資金、養老金）

8. 職涯規劃

　（就業、升遷、轉換職務、轉職、創業）

1～8類所佔的比重當然也是因人而異。煩惱會隨著年齡、性別、個性、環境等各種要因而有所變化，不過以合乎邏輯的方式大致推想「基本上只要某些因素湊在一起，就會令人產生某種煩惱」的預測能力是很重要的。

　　首先，建議讀者們活用自身的知識或技能，試著規劃出能解決任一類煩惱的商品。

### ③ 步驟3：尋找現正面臨重大緊急煩惱的目標顧客

　　最後是「尋找現正面臨重大緊急煩惱的目標顧客」。

　　欲達成這項目標，必須具體思考兩件事。

● 在8大煩惱類別中，「重要度偏高的目標顧客」是什麼類型的人？

● 對該目標顧客而言，「緊急度升高的情況」會出現在何時？

　　比方說，你具備「健康」方面的知識或技能。

　　首先思考，在8大煩惱類別中，「健康」重要度較高的目標顧客會是何種類型的人，會得到什麼結果呢？

　　10幾歲的孩子年輕、體力旺盛，對於健康應該沒有太大的煩惱吧。因此對10幾歲來說，「健康」的重要度似乎不高。

　　然而，對體力已開始走下坡的50幾歲而言，「健康」的重要度似乎頗高。由此看來，假如你想販賣「健康方面的知

識」……

對10幾歲而言「健康＝重要度低的事物」
對50幾歲而言「健康＝重要度高的事物」

也就是說，至少在設定目標客群方面，50幾歲會比10幾歲
更為合適。

接著思考，對50幾歲而言，「健康」緊急度升高的情況會
出現在何時？我想應該會有各式各樣的答案，像是：

● 一般體檢或全身健康檢查報告結果為「須再進行詳細檢驗」
● 被醫師指出，須改善飲食作息不正常的情況
● 進入更年期，對於容易疲倦與心浮氣躁的情況感到煩心
● 父母親出現失智症前兆，想盡可能延緩症狀發作

假如出現上述情況，「健康」的緊急度就會變高。

分析至此，我想讀者們應已明確掌握，煩惱矩陣圖中「①
緊急度高、重要度亦高」這種狀態的目標顧客了吧。

● 針對50幾歲對更年期症狀感到不安的女性，販售「更年期對
　策指南」

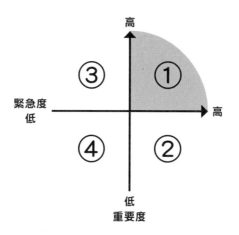

● 針對被醫師指出有代謝症候群的對象,傳授「50幾歲也能做到的改善生活習慣減肥法」

像這樣,針對「緊急度、重要度皆高的對象」,將你所具備的「健康」知識或技能商品化,能順利賣出商品的機率也會相對變高。

覺得沒自信,擔心「我真的能規劃出賣得出去的商品嗎?」的讀者,只要按照「畫出分析煩惱的矩陣圖」、「掌握8大煩惱類別」、「尋找現正面臨重大緊急煩惱的目標顧客」這3個步驟,仔細找出「最有可能購買你所具備的知識或技能的人」,肯定能夠水到渠成。

只不過，剛開始由於還不習慣，或許有些讀者會覺得腦袋打結，「根本沒辦法接二連三地想出那麼多目標客群」。

若你也是如此，**建議每天進行天馬行空想像力訓練。**

天馬行空想像力訓練指的是，在日常生活中看到路上行人、電車乘客、職場同事等對象時，發揮想像力編故事的訓練。比方說：

**這名20幾歲的男同事是名業務員，為了出人頭地每天都努力工作、加班到很晚。就現階段來看，「職涯規劃」或「收入」的重要度似乎很高。最近他的同期獲得升遷，或許目前「升遷」對他來說也是緊急度高的煩惱。**

就像這樣，在腦海裡胡思亂想一番（笑）。

如果與對方有交情、能輕鬆交談的話，直接詢問對方來為自己編的故事對答案，也是很推薦的做法。

## 提升客單價，衝高營業額！

營業額 ＝ 來客數 × **客單價** × 購買率

接下來，將針對提升「客單價」的兩個方法進行解說。

## ▶透過差異化提升稀有性➡拉高單價！

首先，第一項是「與競爭對手形成差異化來提升稀有性，以拉高商品單價」的方法。

**具體來說，就是推出兼具各種強項的商品。**

這是因為，同時搭配各種強項時，遇到知識、技能條件與自己完全相同的競爭對手的機率就會自然下降，稀有性也就隨之上升的緣故。

具體搭配方式為以下3種。

① 知識 ✕ 知識的組合

② 知識 ✕ 技能的組合

③ 技能 ✕ 技能的組合

我會針對每個組合列出參考案例，請讀者們務必站在「買家觀點」來思考「對該項商品是否感興趣」。

① 知識 ✕ 知識的組合範例

● 「斷捨離」訣竅 ✕ 「拍賣App上架攻略」

　＝教您出清各種物品，還能賺一筆零用錢的方法！

● 「微波爐也能做餅乾」食譜 ✕ 「美味咖啡沖泡法」

　　＝1000日圓有找，教您在家也能度過媲美飯店下午茶時光
　　的方法！

● 「收納」訣竅 ✕ 「風水」知識
　　＝教您提升運氣的收納術！

● 「一人旅行推薦行程」 ✕ 「累積里程妙招」
　　＝教您在獨自開心旅行的同時，累積里程的方法！

● 「減肥法」 ✕ 「豐胸術」
　　＝教您在瘦身的同時，還能豐胸的一舉兩得方法！


② 知識 ✕ 技能的組合範例

● 人事專員視角的「面試攻略」✕「寫字」技巧
　　＝代您寫出內容與字跡皆令人「印象深刻」的履歷表！

● 「拍賣App新手指南」 ✕ 「寫作」技能
　　＝拍賣App新手向前衝優惠專案！從上架作業到商品網頁文
　　案修改通通包辦

● 「英語」 ✕ 「溝通」技巧
　　＝在海外電商網站購物卻發生糾紛？代您處理各種聯絡事項
　　與意見反應

● 「戀愛」 ✕ 「插畫」技能
　　＝為您繪製LINE貼圖，抓住心儀對象的心

● 「社群網站運用法」 ✕ 「修圖」技能
　　＝讓您手中的圖像脫胎換骨，成為吸睛照片！

③ 技能 × 技能的組合範例

● 「影片編輯」技能 × 「廣告運用」技能

　　=廣告影片製作～運用，全都包！

● 「讚美」技巧 × 「插圖」技能

　　=為您繪製捕捉個人魅力，光看就能增加自信的手機桌布背
　　景圖片！

● 「寫作」技能 × 「攝影」技能

　　=代您從零開始，製作販售技能服務的商品網頁

● 「閱讀」技巧 × 「歌唱」技能

　　=應試對策！閱讀教科書內容並為您製作原創學習歌

● 「調查」技能 × 「資料製作」技能（圖解、語音化）

　　=各種調查作業～製作簡報資料一次搞定！代您將調查結果
　　彙整為明天就能進行簡報發表的資料

　看完覺得如何呢？

　其中，或許有些出人意表的組合，不過從買家的觀點來
看，應該也有讓讀者們覺得「除了主要任務外還順便幫忙處理小
任務，真不錯」、「不光針對主題，還會教導其他知識，很有
趣」的商品吧？

　**像這樣，搭配各種知識、技能時，就能提升稀有性。**

## ▶ 透過第三方感想提升信賴度➡拉高單價！

第2項則是「透過第三方感想，提升可信度以拉高單價」的方法。

具體來說，**就是收集「商品使用者心得」，提供尚未下單的目標客群閱覽。**也就是所謂的口碑行銷。

比方說，可以試試以下方法。

### ① 商品尚未賣出時

免費提供朋友或熟人試用，請他們寫下感想，並在商品網頁中以「試用者心得」的方式做宣傳。

### ② 已經賣出1件以上的商品時

下功夫讓購買商品的顧客留下「感想和評價」。

在交易完成前，只要提醒顧客「請您不吝賜予評價」、「請協助填寫這份簡單的問卷」，便能收到一定的效果。其他像是「留言評論，贈送精美小禮物」等，告知顧客發表感想能獲得什麼好處也相當管用。

請將收到的留言評論放到商品網頁內或社群網站上，以「顧客心得」的方式進行宣傳。當商品能獲得消費者認可時，信賴度也會一舉攀升，即便拉高商品單價，也能持續維持買氣。

## 提升購買率，衝高營業額！

$$營業額 = 來客數 \times 客單價 \times \underline{購買率}$$

本單元會逐步解說提升「購買率」的方法。

這其實等於「增加回頭客」的意思，讓同一位顧客願意再三購買你的商品。

此方法可大致分為兩個觀點來說明。

- 增加單項商品的回頭客
- 增加整體商品的回頭客

### ▶ 增加單項商品的回頭客

首先，如同字面意義所示，單純地增加「願意固定購買同一項商品的顧客」。

這個方法適用於P.62所解說的，4種提供方式中的「代客類」及「諮詢類」商品。

這是因為，「教學類」與「分享類」所販賣的是「知識」，顧客買過一次後還會再買相同知識的可能性幾乎等於零。這是再自然不過的事。

請記住，若要推出「能形成回頭客的單項商品」，「代客類」及「諮詢類」會是最適合的提供方式。

那麼，有助於形成回頭客的技巧是什麼呢？答案就在「商品目標設定」裡。具體做法為以下兩種，不妨擇一實行看看。

① 著眼於「持續性行動」
② 著眼於「一時的情緒」

以下分別針對這兩點進行解說。

① 著眼於「持續性行動」

找出目標客群在「Before→After」過程中，邁向「After」這個終點前，「不可或缺的持續性行動」，並從中予以協助。

就好比化身為在一定期間內，與顧客一同行動的陪跑教練那樣。

譬如，考慮「換工作」的人，最終目標當然就是「被錄取」。假設你所販賣的是「陪您進行模擬面試練習」這項諮詢服

務。

該名顧客在你的調教下，順利通過第一輪面試。那麼，顧客接下來會採取什麼行動呢？

我想，大部分的企業都設有「第二輪面試」這道關卡吧。

**換言之，「陪您進行模擬面試練習」的這項服務，很有可能再度賣出。**

尤其又有第一輪面試過關的結果加持，信賴度破表。

顧客或許會因此產生意願：「想再一次跟這名賣家練習面試！」

**像這樣，「著眼於顧客在達到目標前，不可或缺的『持續性行動』，提供從中協助的服務」，就能提升回購率。**

② 著眼於「一時的情緒」

剛剛提到，在顧客採取行動邁向「After」這個終點的過程中，提供協助的做法。然而，並非所有消費者皆「持續努力朝著巨大的目標邁進」，有些人會面臨在精神上或時間上沒有餘裕的情況。

**針對這種情形，著眼於「一時的情緒」便能收到成效。**比方說：

● 發生不愉快的事，只是想抱怨一下而已

● 老是遭到否定而失去自信，只是希望獲得稱讚而已

● 沒什麼想做的事，只是希望有人陪伴、打發時間而已

● 面臨難纏的問題，只是希望有人能跟自己一起整理思緒而已

● 剛跟戀人分手、覺得寂寞，只想找個人說話而已

　　提供服務，化解顧客「在這瞬間覺得心情●●，所以想●●」的一時情緒。

　　誠然，這類型的服務很難設定遠超過市場行情的高額單價，也不容易成為「人氣爆炸熱賣商品」。

　　然而，從「容易吸引人回購」的這項觀點來看，這類型服務的潛力可不容小覷。

　　人每天都會產生各種情緒，無論任何人都會有激動難耐而流於情緒化的時候。

　　在這種時候，像這類能讓情緒獲得紓解的便利服務，是會令人上癮的。

　　這有點類似隱藏版技巧，在考量上架何種服務時，也請讀者們試著將這類商品列為評估選項。

## ▶ 增加整體商品的回頭客

　　再來則要解說「讓顧客在你所刊登的商品中，多購買幾項的

方法」。

具體來說，就是依據達成目標的時間序列，推出複數商品。

在P.161曾提到，想要提升購買率，找出目標客群在「Before→After」過程中，邁向「After」這個終點前「不可或缺的持續性行動」，並予以商品化的做法。

然而，增加整體商品回頭客的方法，不是將焦點放在為了邁向終點「所需的持續性行動」，而是針對「各階段的行動」推出服務。

就好比將你的商品設置在邁向終點過程中的每一階段那樣。

比方說，沿用先前的範例，「想換工作」這項需求的目標為「被錄取」，在這之前必須經過哪些步驟呢？

一般企業的徵選流程，應該是以「①履歷審查→②面試→③議定待遇‧年薪→④錄取」這4個步驟為主流。

由你來推出針對每個步驟量身訂做的各項服務。譬如，以①履歷審查階段為例，便能規劃出以下商品。

- 找出自身強項的自我分析訣竅
- 展現自身優勢、令人留下好印象的履歷製作訣竅
- 讓證件照更上相的方法
- 代筆寫出一手好字的履歷表

依此類推，接著思考②面試、③議定待遇・年薪階段所需的服務，適切地配置你的商品，幫助顧客一段接一段地往前邁進。

附帶一提，若最終目標不是「錄取」，而是「進入新公司上班」，那麼或許也能在④錄取後，提供「離職談判技巧」或「教您處理離職、到職必要手續」等服務。進入新公司報到後，則可推出「加薪妙招」、「證照考試準備法」等服務，說不定能無限發展下去。

讀者們看完覺得如何呢？這裡所舉的範例也許稍嫌極端，但簡單來說，就是充實商品陣容，在顧客邁向目標的各階段皆能提供合乎其需求的服務，如此一來，顧客自然就容易成為常客。

## 懂得分析、改善，定能創造佳績

本章特別針對構成營業額公式〈營業額 ＝ 來客數 × 客單價 × 購買率〉的各要素（來客數、客單價、購買率），詳實介紹各種提升營業額的方法。

筆者之所以會刻意反覆使用「公式」進行詳盡說明，是因為希望讀者們能藉由本書，培養出無論出現何種狀況都能臨機應變的思考力。

**只要依循這個營業額公式，確實進行分析與改善，無論是多菜的新手都能穩紮穩打地透過低調複業術增加收入。**

至於應採取何種具體方法，則請反覆閱讀本章，每一項都嘗試看看後再做決定。

販賣是一門科學。乍見之下似乎很難，但無論是「賣得出去」或「賣不出去」，皆明確存在著理由。

只要理解箇中邏輯，不但能透過低調複業術提升收入，在本業上也能成為交出亮眼業績的人才。

話雖如此，完全沒有必要想得太難。

首先，就是試著做做看。
不採取行動便無從得知實際情況。
用自己的方法不斷思考「該怎麼做才有益於顧客」。
觀察結果並持續改善。

重複進行這項單純的作業，能讓你愈做愈開心，迎向成長

的循環。願讀者們都能好好享受今後即將展開的「低調複業生
活」。


最後，要跟大家分享，日本有「共享經濟協會」這個業界組
織，為技能服務自由工作者提供了「技能服務工作者會員協助方
案」（https://share.jp/）這項服務。

有鑑於「想得知活躍於技能服務這塊領域的從業者情
報」、「想問問有關報稅的事」、「希望有互助組織，能在生病
或發生事故時給予協助，或是像上班族那樣享有福利制度、婚喪
喜慶津貼」等意見，該協會因而推出各種活動與制度來做出回
應。

其他還有，為防止個人買賣可能產生的糾紛，該協會也開始
提供「分享經濟安心檢定」服務。

或許能在你低調展開複業後感到迷惘、不知該如何是好
時，提供解決的靈感，不妨試著活用一番。


本書執筆之際，承蒙一般社團法人共享經濟協會提供寶貴資
訊，以及各大技能服務接案平台協助確認介紹內容，藉此聊表謝
意。

# 平凡的派遣員工
# 開始經營複業1週後，
# 順利賣出商品之背後緣由

最後一篇專欄，要跟大家分享長年以派遣員工身分在職場打滾，進而開始低調經營複業的K小姐的故事。

在K小姐開始低調經營複業之前，為了有「一技之長在身」，除了考取專業證照，還學習聯盟行銷（販售廠商產品）等複業經營術。然而，無論哪一項都令她覺得宛如機械式作業般索然無味，漸漸覺得受不了而中途撤退。

其實她又何嘗不想活用自身強項開心工作，可是又覺得「自己不過是平凡的派遣行政人員，根本沒有任何強項」，因而決定放棄。

然而，就在這時候，她接觸到我所提倡的「低調複業經營術」而轉念，覺得「還是想挑戰看看」。

K小姐為了確認「什麼服務有市場需求」，一開始便一口氣推出10項商品。

就連在自我分析階段覺得「這種東西真的賣得出去

嗎？」的商品，也都秉持著「反正上架又不用錢！」的心態，放下個人主觀積極刊登。

她所推出的商品為「發揮長年行政人員經驗，代客處理行政作業」、「善用嘴甜很會說話的個性，針對您的創作作品發表個人感想」、「活用在小酒館打工所培養的聆聽技巧，讓您能宛如身處酒吧般放輕鬆、侃侃而談」等，徹底發揮她的小專長。

無論哪一項商品，以她現已具備的知識和技巧就能游刃有餘地應對，因此就算不具專業知識或高深技能也不構成阻礙。

就在1週後，她所上架的服務順利賣出，甚至擠進平台的銷售排行榜，就連單件開價數萬日圓的工作委託也如雪片般飛來。

首度與「自己的客戶」合作的她，認真又細心的工作態度獲得對方讚賞，她很興奮地告訴我：「第一次覺得工作是這麼有趣的一件事！」

聽到這句話時，我真的打從心底感到開心。

K小姐最令人稱許的，就是「先把個人主觀放一邊，總之上架看看再說」這一點。只不過是放下「誰會花錢買這種東西啊！」、「這種東西任何人都做得出來」這樣的

偏執想法而已，便順利地獲得成果。

我想，這是能讓自認為「很平凡，沒有什麼拿得出手來賣的東西」，而總是垂頭喪氣的讀者，產生希望的小故事，因此特地撰文介紹。

察覺自身所具備的各種小特色，秉持著「要是能賣出算我幸運」的輕鬆心態，積極推出商品，以玩遊戲或拼圖的態度分析各項數據，不斷升級進步。假以時日就會發現，已在不知不覺間培養出「自己的客戶」，並獲得對方的「感謝」。

我想，這些經驗肯定能成為巨大的力量，令人建立自信。

熱切期盼現正閱讀本書的你，也能親自體會到「原來有這麼有趣的複業啊！」，並產生宛如奔向新世界般的雀躍感。

## 附錄 ①

# 各項練習之回答範例

為了幫助讀者，在各項練習過程中不知如何下筆時獲得靈感，特別透過本單元介紹回答範例。這些只是其中一種寫法，請大家參考內容，實際了解「原來能用這種方式回想啊！」、「原來連這麼微不足道的事都可以寫呢！」，希望能帶來一些啟發。

{
# 第2章：自我分析練習
}

### ①個人檔案大剖析

## A. 個人基本檔案篇

| 年齡 | 33 |
|------|-----|
| 性別 | 女性 |
| 居住履歷①地區／年數 | 埼玉縣大宮市／25年 |
| 居住履歷②地區／年數 | 東京都板橋區／8年 |
| 居住履歷③地區／年數 | |

| 原生家庭的家族成員 | 父、母、妹 |
|---|---|
| 有無交往對象 | 無 |
| 未婚or已婚（已婚者請寫出結婚年數） | 未婚 |
| 有無孩子 | 無 |
| 是否養寵物 | 老家有養一隻狗 |

## B. 個人年表～學生時代・私生活篇～

|  | 國小 | 國中 | 高中 | 大專院校 | 研究所 | 出社會 |
|---|---|---|---|---|---|---|
| 年齡（xx-xx歲） | 6-12歲 | 12-15歲 | 15-18歲 | 18-22歲 |  | 22-33歲 |
| 就讀學校 | ●●國小（公立） | ●●國中（公立） | ●●高中（私立） | ●●大學（私立） |  | - |
| 拿手科目／科系・主修 | 國語 | 國語 | 現代文 | 文學系・主修日本文學 |  | - |
| 社團活動 | - | 網球社 | 網球社 | 網球俱樂部 |  | - |
| 職稱・職務・形象風格 | - | 負責指導學弟妹 | 副社長 | 沉穩可靠的形象 |  | - |
| 才藝學習 | 游泳、鋼琴 | 補習班 | - | - |  | 瑜伽 |
| 興趣 | 看書 | 拍大頭貼 | 唱KTV | 海外旅行（5個國家） |  | 散步 |
| 兼職・複業 | - | - | - | 燒烤餐廳店員 |  | - |

| 證照檢定·實績 | - | 英檢3級<br>漢檢2級 | - | 駕照 | | - |
|---|---|---|---|---|---|---|
| 此時期所習得的知識為？ | ·閱讀樂譜<br>·文章讀解力 | ·高效率學習法<br>·教導後輩的方法 | - | ·海外文化、觀光景點<br>·肉類部位、美味的烤肉方式 | | ·對東京23區的咖啡館知之甚詳 |
| 此時期所習得的技能為？ | ·游泳<br>·鋼琴演奏<br>·網球 | ·網球 | ·網球<br>·記憶力<br>·團隊領導力 | ·網球<br>·英語會話（旅行能溝通的程度） | | ·瑜伽招式 |

## C. 個人年表～出社會篇～

| | 工作① | 工作② | 工作③ | 工作④ | 工作⑤ | 工作⑥ |
|---|---|---|---|---|---|---|
| 年齡<br>（xx-xx歲） | 22-26歲 | 26-27歲 | 27-33歲 | | | |
| 在職年數 | 4年 | 1年 | 6年 | | | |
| 產業類別 | 食品製造商 | 無業 | IT公司 | | | |
| 職務類別 | 行政人員 | - | 業務助理 | | | |
| 職級or職等·職位 | 基層員工 | - | 基層員工（2年）→主任（4年） | | | |
| 職務內容 | 行政工作、會計、雜務 | 沒有工作，獨自展開海外之旅 | 協助業務員處理行政作業 | | | |
| 經常使用的工具、軟體 | ·Excel<br>·彌生會計 | ·Uber App | ·Power Point | | | |

| | | | | | | |
|---|---|---|---|---|---|---|
| 公司規模 | 200名員工 | - | 200名員工 | | | |
| 年薪 | 250萬日圓 | - | 300萬日圓 | | | |
| 證照檢定・實績 | 簿記2級 | - | - | | | |
| 此時期所習得的知識為? | ・簿記 | ・海外觀光景點資訊、文化 | - | | | |
| 此時期所習得的技能為? | ・統整數據資料<br>・有效率地處理各類文件 | ・能以英文進行日常會話 | ・行政作業技能<br>・資料製作技能<br>・電話應對技能<br>・指導力 | | | |

## ②找出個人強項的8道題目練習

| | 題目 | ①回答 | ②知識、技能 |
|---|---|---|---|
| 1 | 什麼是你人生中覺得「花了好多錢」的事？具體來說，大概花了多少錢？（基準：5萬日圓以上～） | ・全身除毛 30萬日圓<br>・海外旅行（美國）20萬日圓<br>・獨立生活（搬家、家具等費用）50萬日圓 | ・除毛原理與值得推薦的診所<br>・海外觀光資訊、英語會話<br>・獨立生活準備事項、價格公道的搬家公司估價方式 |

| 2 | 什麼是你人生中覺得「花了好多時間進行」的事？具體來說，大概持續幾個月？（基準：1個月以上～） | ・準備考大學<br>　1天8小時 × 10個月<br>・減肥（飲食控制＋慢跑）　6個月<br>・晨間活動（6點起床念書）　3個月<br>・準備TOEIC測驗<br>　3個月 | ・默記法<br>・減肥<br>・早起<br>・TOEIC英語 |
|---|---|---|---|
| 3 | 至今為止，哪段時期、哪些事讓你覺得「付出了很多努力」？ | ・持續努力減肥6個月，瘦下5公斤<br>・原本早上很難爬起來，但在準備TOEIC的3個月期間，幾乎每天6點起床念書 | ・減肥<br>・早起 |
| 4 | 經常莫名被人稱讚的事情是？ | ・很溫柔、很療癒<br>・會細心地注意到一些小事（聚餐時誰的杯子快空了等等） | |
| 5 | 經常被同事或朋友拜託，而幫忙做什麼事？ | ・幫忙關懷挨罵而情緒低落的新進員工 | ・傳授避免讓對方感到沮喪的說話方式 |
| 6 | 會讓你一不小心就一頭栽進去，全神貫注到忘了時間的事情是？ | ・追外國連續劇<br>・在IG或網路上搜尋時髦咖啡館的消息 | ・外國連續劇情報<br>・東京都咖啡館資訊 |
| 7 | 經常接觸的社群網站是？固定收集哪些資訊？ | ・IG上的東京都咖啡館消息 | ・東京都咖啡館資訊 |
| 8 | 若你的書櫃中有3本以上同類型的書籍，該類型為？ | ・咖啡館與關東近郊休閒旅遊雜誌<br>・睡眠與腦科學類<br>・工作效率類 | ・關東近郊好吃好玩的資訊<br>・睡眠<br>・腦科學<br>・提升工作效率技巧 |

### ③Before＆After分析練習

| | 類別 | Q1：以前曾有什麼煩惱 | Q2：該煩惱是否獲得改善？ | Q3：為進行改善做出什麼行動？ | Q4：因此習得何種知識、技能？ |
|---|---|---|---|---|---|
| 1 | 健康 | 肩頸僵硬和腿部水腫 | ○ | 透過半身浴跟按摩促進血液循環 | 引起肩頸僵硬與水腫的原因、解決方法 |
| 2 | 身材容貌（對外貌感到自卑等） | 眼睛很小 | ○ | 鑽研大眼化妝術 | 營造大眼效果的眼線畫法、刷睫毛技巧 |
| 3 | 戀愛、結婚 | 沒有邂逅機會，交不到男朋友 | ○ | 使用交友軟體 | 配對祕訣、設定搜尋條件的方法 |
| 4 | 朋友關係 | 有合不來的對象 | × | | |
| 5 | 工作上的人際關係（上司、同事、下屬、客戶等） | 無 | | | |
| 6 | 家人關係（夫妻、親子、親戚、姻親等） | 無 | | | |
| 7 | 金錢（收入、債款、教育資金、養老金等） | 收入很少 | × | | |
| 8 | 職涯規劃（就業、升遷、轉換職務、轉職、創業等） | 求職時在團體面試遭淘汰 | ○ | 事先想好自身定位 | 不擅表達者突破團體面試的方法 |

④填寫個人知識、技能一覽表

將①～③進行彙整後，會呈現出以下內容。

| | 知識 | 技能 |
|---|---|---|
| 1 | 大宮的美味店家 | 文章讀解力 |
| 2 | 板橋的美味店家 | 游泳 |
| 3 | 訓練狗狗（大小便、握手、換手） | 鋼琴演奏 |
| 4 | 閱讀樂譜 | 網球 |
| 5 | 漢檢2級的知識 | 提升團隊士氣 |
| 6 | 英檢3級、TOEIC知識 | 旅遊英語會話 |
| 7 | 高效率學習法 | 瑜伽招式 |
| 8 | 激發後輩幹勁的指導方式、說話技巧 | Excel資料統計 |
| 9 | 高效率學習法、快速記憶法 | 有效率地處理文件 |
| 10 | 海外觀光資訊 | 資料製作 |
| 11 | 肉類部位與美味烤肉方式 | 電話應對 |
| 12 | 考取普通駕照所應掌握的交通規則 | 指導時不忘給予激勵 |
| 13 | 日本文學史 | 傾聽因挨罵而情緒低落者的心事，使其恢復精神 |
| 14 | 東京都23區時髦咖啡館情報 | |
| 15 | 簿記2級知識 | |
| 16 | 彌生會計操作法 | |
| 17 | 獨立生活、搬家流程 | |
| 18 | 除毛種類與效果 | |
| 19 | 減掉5公斤的飲食控制法與慢跑訓練菜單 | |

| 20 | 早起祕訣 | |
|---|---|---|
| 21 | 關東近郊踏青景點 | |
| 22 | 提升工作效率的快速鍵 | |
| 23 | 引起肩頸僵硬與水腫的原因和解決方法 | |
| 24 | 營造大眼效果的眼線畫法、刷睫毛技巧 | |
| 25 | 在交友配對App上獲得許多回應的個人檔案寫法 | |
| 26 | 不擅表達者突破團體面試的方法 | |
| 27 | 女性喜歡的外國連續劇情報 | |

# 第3章：商品規劃練習

| ①知識、技能 | × | ②提供方式 | = | ③商品 | ④誰會喜歡？ | ⑤具體內容？<br>・年齡<br>・性別<br>・職業<br>・感到煩惱的原因 |
|---|---|---|---|---|---|---|
| 東京都23區時髦咖啡館情報 | × | 分享類 | = | 東京時髦咖啡館私房名單報你知 | 喜歡在假日逛咖啡館的人 | ・25歲<br>・女性<br>・行政人員<br>・無興趣嗜好，假日間得荒，想得知獨自一人造訪也不顯尷尬的店 |
| 閱讀樂譜 | × | 代客類 | = | 將您的樂譜轉換成五線譜 | 樂器初學者 | ・50<br>・女性<br>・家庭主婦<br>・因為新興趣而開始學音樂，但遲遲無法看懂樂譜 |
| 消除肩頸僵硬 | × | 教學類 | = | 消除肩頸僵硬研習會 | 有肩頸僵硬煩惱的人 | ・40幾歲<br>・男性<br>・伏案工作的上班族<br>・身為主管經常加班，肩頸也愈來愈僵硬 |

| | | | | | |
|---|---|---|---|---|---|
| 減掉5公斤的飲食控制與慢跑訓練 | × | 諮詢類 | = | 減肥瘦身諮詢 | 想再減下5公斤的人 | ・30歲<br>・女性<br>・上班族<br>・住處附近沒有健身房，半年後將舉辦婚宴，希望能透過飲食和運動再減掉5公斤 |
| 肉類部位與美味的烤肉方式 | × | 分享類 | = | 為您規劃讓女友感到驚喜不已的餐廳約會方案 | 想令心儀對象刮目相看的人 | ・28歲<br>・男性<br>・上班族<br>・想讓空窗多年終於交到的女朋友覺得自己很有魅力 |

# 立即實踐！「低調複業經營術」
# TO DO LIST

　　為了幫助讀者在讀完本書後，不會出現「咦，究竟該做什麼才好？」的迷惘，筆者將落實「低調複業經營術」所應執行的最基本事項，統整於下一頁。

　　**讀者們只須按照這份清單，由上往下依序完成各項內容即可。**（＋$\alpha$ 非必備項目）

　　表單中亦一併記載了完成該項目所需的基本時間，請加以參考並填入預定著手日，安排時程。請大家當成玩遊戲般一關接一關地愉快進行下去，例如完成後以打勾的方式營造成就感等等。

　　如同正文所提到的那樣，鐵則就是「踏出第一步首重效率」喔！

| No. | TO DO | 相關解說 | 基本所需時間 | 預定著手日 | 完成 ☑ |
|---|---|---|---|---|---|
| 1 | 讀完本書，理解「低調複業經營術」概念 | P.2～ | 90分鐘 | | |
| 2 | 做完自我分析練習，產生商品構想 | P.47～ | 35分鐘 | | |
| 3 | 做完商品規劃練習，決定所要販賣的商品 | P.74～ | 10分鐘 | | |
| 4 | 在技能服務接案平台上完成註冊 | P.76～ | 10分鐘 | | |
| 5 | 製作商品販售網頁 | P.97～ | 30分鐘 | | |
| 6 | 製作個人檔案頁面 | P.110～ | 15分鐘 | | |
| +α | 開設社群網站帳號，開始進行宣傳 | P.117～ | 5分鐘～ | | |
| +α | 學習更加提升營業額的方法，並加以實踐 | P.133～ | | | |

# 結語
## ──揮別「看輕自己」
## 處處妥協的人生

讀完「低調複業經營術」以後，覺得如何呢？

我想，從頭開始閱讀本書的讀者，應該已經對今後即將展開的「新複業世界」產生雀躍不已的情緒吧。

● 發現自身強項的方法
● 規劃具體商品的方法
● 更加提升營業額的方法

本書以上述3點構成主要章節，詳實豐富地刊載了必須資訊，盼能成為讀者們的得力助手，讓大家覺得「只要有這本書在手，做複業就沒問題！」。若讀者們願意反覆閱讀，徹底實踐各個項目，對我來說真是無上的光榮。

最後，請讓我說一下自己的想法。

坊間已經有無數關於發展複業的書籍，為何我還會想出這本「低調複業經營術」呢？

**這是因為，我真心希望能有更多人加入「活得有自信的大人」行列。**

假如問我如今的社會欠缺什麼，我會回答「自信」。

因為世界上實在有太多「沒自信的大人」。

- 很想換工作，但會有公司要我這種人嗎？
- 想挑戰複業，但像我這種人有辦法持續做下去嗎？
- 想獨立創業、在時間與金錢方面取得餘裕，但像我這種人怎麼可能做到

像這樣，在生活中已形成的根深蒂固習慣，總是無意識地出現「像我這種人」的想法。

我想，這應該是孩提時代有過太多「以他人的標準被評價的經驗」所導致的，像是特定科目的考試分數或成績、賽跑名次、升學考結果，是否乖乖聽從老師或父母親的話等等。

因此，長大成人後，若未獲得他人的「讚許」，或從背後被推一把得到「鼓勵」，就無法對自己的選擇有信心，即便有真正想嘗試的事物也遲遲不敢行動。我深深感受到這樣的大人其實非常多。

實不相瞞，筆者直到數年前，也一直都是「對自己沒自信」、低著頭過日子的人。

儘管現在已從上班族轉為獨立創業、經營公司，並積極透過網路發布訊息，甚至還出了自己的書，但我以前真的與現在判若

兩人。

- 兄弟姊妹成績優秀，只有我每次都考得很差，讓父母親很是擔心
- 在學校吃營養午餐、在家吃晚餐總是慢吞吞，每天都挨罵
- 不擅長跟別人說話，永遠無法融入朋友圈
- 拚命努力考高中與大學，卻慘遭滑鐵盧
- 求職面試時完全說不出話來，被當成空氣，應徵過100家以上的公司連戰連敗

　　好不容易進入願意錄用我的公司、擔任業務員，但說話與發表簡報都是我極不拿手的項目，業績當然慘不忍睹。不只在同期當中敬陪末座，甚至還穩居全公司倒數第一的位置，每天早上都被上司怒罵，只能拚命忍住快奪眶而出的淚水，衝進廁所或業務專用車裡避難。

　　「自己不管做什麼都做不好……。」
　　我一直非常厭惡這樣的自己。
　　然而，在23歲時，業務部同事跟我說的一段話成為一大契機，讓我初次得知「自己的強項」。

　　「妳雖然口才不好、不太會說話，但在聆聽跟引導對方說話方面很厲害耶。會讓人覺得安心而忍不住跟妳多說一些，我想這

是妳的才能喔！」

　　由於我不擅表達自身的想法，所以覺得至少應該確實聆聽對方說話，以彌補自身的不足，沒想到卻能獲得這樣的評價。

　　有生以來第一次被別人如此稱讚，令我開心到忍不住熱淚盈眶。

　　**在這之後，我放下了「這種東西根本沒價值」之類的自我偏見、調整想法，告訴自己無論到任何環境，只要找出「有點擅長的事物」並加以活用就好。**

　　於是，我那原本因為缺乏自信而總是垂頭喪氣的人生，開始一點一滴出現變化。

　　原本死氣沉沉的個人業績，隨著產品不斷賣出而大幅攀升，甚至躋身公司業績排行榜冠軍，我也因此成為公司內最年輕的升遷者，日後更一舉成功轉職到大企業。

　　如今，我擁有許多願意信賴我的客戶，甚至成為董事長經營著自己的公司。

　　這些轉變直到現在，仍舊令我覺得簡直就像在看別人的人生那樣。

　　思考如何活用自身的強項、用心努力地付出行動、獲得他人的好評，日積月累下來，我開始逐漸喜歡原本覺得很討厭的自

己，每天亦隨之變得精采有趣。

正因為我從前自卑感纏身到無以復加的程度，所以才打從心底想跟大眾分享「只要懂得活用自身強項，就能確實產生自信」的觀念。

不要盡看自己「不足的部分」，聚焦在「**目前做得到的事項**」開心地賺錢，並獲得他人的感謝，我真心希望能有更多人可以這樣生活，因而執筆寫下本書來推廣這些想法。

尤其本書並不只是解說經營複業的訣竅而已，還搭配了我親眼所見的各種實際案例，以及我的顧客如何有所轉變的真實小故事，與讀者們分享。

這麼安排的用意在於，希望大家讀完本書後，不再因為「像我這種人哪有什麼本事」的想法而放棄，轉而認為「**我一定也能做到！**」。

在他人眼裡看來，明明可圈可點的強項多到數不清，但自己卻視而不見，而像從前的我那般缺乏自信的人，實在令我覺得可惜，所以才想告訴大家，能活用自己「擅長」與「喜愛」事情的人生真的很有趣！

即便是微不足道的小事，但「做到了」的成功體驗會成為一生的自信，在今後的人生中，不管是在工作或生活上，面對各種挑戰時，相信這些自信會成為你的精神支柱。

無論任何人皆有其強項。

只要將它們找出來並加以活用，人生就會更加充滿樂趣，一定能更接近你所描繪的理想人生。

**透過本書，讓讀者們的人生能多增添一份自信，就是我最大的願望。**

但願本書能成為在你快失去自信時，永遠相伴左右的益友。

亦期盼這是一本能為所有大人帶來轉機，不再出於「像我這種人」之類的想法而放棄挑戰，進而享受人生的書籍。

我會永遠支持你。

土谷 愛

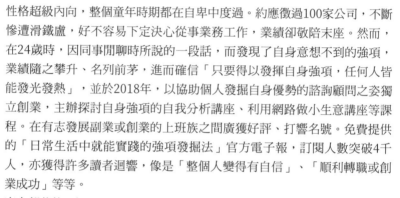

## 〈作者簡介〉

土谷 愛

1990年生於神奈川縣。

性格超級內向，整個童年時期都在自卑中度過。約應徵過100家公司，不斷慘遭滑鐵盧，好不容易下定決心從事業務工作，業績卻敬陪末座。然而，在24歲時，因同事閒聊時所說的一段話，而發現了自身意想不到的強項，業績隨之攀升、名列前茅，進而確信「只要得以發揮自身強項，任何人皆能發光發熱」，並於2018年，以協助個人發掘自身優勢的諮詢顧問之姿獨立創業，主辦探討自身強項的自我分析講座、利用網路做小生意講座等課程。在有志發展副業或創業的上班族之間廣獲好評、打響名號。免費提供的「日常生活中就能實踐的強項發掘法」官方電子報，訂閱人數突破4千人，亦獲得許多讀者迴響，像是「整個人變得有自信」、「順利轉職或創業成功」等等。

官方部落格：https://tsuchitaniai.com/

Twitter：https://twitter.com/tsuchitaniai

＜日文版Staff＞
裝幀 本文設計／藤塚尚子
插畫／さとうあゆみ
本文DTP／株式會社RUHIA

GESSHU+ 10MANYEN KOSSORI FUKUGYOU JYUTSU
© AI TSUCHITANI 2021
Originally published in Japan in 2021 by
JMA MANAGEMENT CENTER INC., TOKYO.
Traditional Chinese translation rights arranged with
JMA MANAGEMENT CENTER INC., TOKYO, through
TOHAN CORPORATION, TOKYO.

# 多職新世代的聰明工作術
### 利用興趣開創副業，享受財富多元、自由多元的Plus+生活！

2021年12月1日初版第一刷發行

作　　者　土谷愛
譯　　者　陳姵君
編　　輯　吳元晴、陳映潔
封面設計　水青子
發 行 人　南部裕
發 行 所　台灣東販股份有限公司
　　　　　＜網址＞http://www.tohan.com.tw
法律顧問　蕭雄淋律師
香港發行　萬里機構出版有限公司
　　　　　＜地址＞香港北角英皇道499號北角工業大廈20樓
　　　　　＜電話＞（852）2564-7511
　　　　　＜傳真＞（852）2565-5539
　　　　　＜電郵＞info@wanlibk.com
　　　　　＜網址＞http://www.wanlibk.com
　　　　　　　　　http://www.facebook.com/wanlibk
香港經銷　香港聯合書刊物流有限公司
　　　　　＜地址＞香港荃灣德士古道220-248號荃灣工業中心16樓
　　　　　＜電話＞（852）2150-2100
　　　　　＜傳真＞（852）2407-3062
　　　　　＜電郵＞info@suplogistics.com.hk
　　　　　＜網址＞http://www.suplogistics.com.hk